دليل الهندسة الزراعية

دليل الهندسة الزراعية

طريقة سريعة للوصول الى معاني المفردات
والاصطلاحات المستخدمة في الهندسة الزراعية
ومقترباتها من العلوم الأخرى

الدكتور
عبد المعطي الخفاف

دار دجلة
1431 هـ – 2010 م

رقم الإيداع لدى دائرة المكتبة الوطنية (2009/6/2715)

630

الخفاف ، عبد المعطي .

دليل الهندسة الزراعية / عبد المعطي الخفاف . عمان: دار دجلة 2010.

(344) ص

ر.أ : (2009/6/2715).

الواصفات:/ الزراعة // الأدلة /

أعدت دائرة المكتبة الوطنية بيانات الفهرسة والتصنيف الأولية

الطبعة الأولى 2010

دار دجلة

ناشرون و موزعون

المملكة الأردنية الهاشمية

عمان- شارع الملك حسين- مجمع الفحيص التجاري

تلفاكس: 0096264647550

خلوي: 00962795265767

ص. ب: 712773 عمان 11171- الأردن

جمهورية العراق

بغداد- شارع السعدون- عمارة فاطمة

تلفاكس:0096418170792

خلوي: 009647705855603

E-mail: dardjlah@ yahoo.com

978-9957-71-122-1 :ISBN

المحتويات

المقدمــة

بدأ اهتمامنا بالمفردة الزراعيـة في السبعينيات , عنـدما باشرنا بتأليف أول إصدار لنا في مجال الزراعة والمكننة الزراعية . واستمر هذا الاهتمام على مـدار أكثـر مـن ثلاثة عقود , وخاصـة عند دخولنا بتأليف " المفصل في الهندسة الزراعية " الذي يقع في أكثر من ثلاثين كتابـاً كان مـن ضـمنها كتاب خاص بعنوان " **الأساس المعجمي للمفردات الزراعية** " .

وعندما تراكمت لدينا مصطلحات واستعمالات لغوية تخص المكننـة الزراعيـة , أفردنا لهـا كتابـاً يحمل عنوان " **مصطلحات المكننة الزراعية** " .

واليوم وقد أكملنا المفصل " وكتابي المفردات والمصطلحات" أصبح من الممكن وضع كتاب شامل يحمل عنوان " **دليل الهندسة الزراعية** " ضـمن منهجيـة تشـمل معظم النشـاط الزراعـي ومقترباتـه مـن العلوم الأخرى .

تم تنظيم الكتاب على أساس حروف الهجاء للمصطلح باللغة العربية، ودرج المصطلح المقابـل لـه باللغة الانجليزية، ووضع فاصل خطـي بعد أنتهاء شرح المصطلح لحصرـ الدلالـة، ومنع الالتبـاس بـين المصطلحات , مع وضع رقم تسلسلي لكل مصطلح في بدايته العربية، ووضع نفس الرقم في بداية المصطلح باللغة الانكليزية.

أما الرسوم الإيضاحية فهي تحمل رقماً لكل شكل من الأشكال مع عنوان المصطلح نفسه وشروح تفصيلية .

وتأتي هذه الرسوم في صفحة مستقلة بعد الانتهاء من الشرح .

دلالة على موقع الرسوم الإيضاحية إتخذنا العلامة (★) التي تعني أن الرسم الإيضاحي ياتي في الصفحة التالية.

يتناول الدليل مجالات الهندسة الزراعية كما هي مبينة أدناه :

1. عمليات معاملة التربة والبذار والغرس وخدمة المحصول النامي .
2. التقنيات والنظم والأساليب المعتمدة في فلاحة البساتين والغابات.
3. نظم الري والصرف والسيطرة على المياه.

4. معدات المكننة الزراعية في مختلف المجالات.

5. الكيمياء الزراعية وما يرتبط بها من تسميد ووقاية المزروعات.

6. المحاصيل الزراعية وما يتعلق بها من معالجات.

7. الصناعات الغذائية ومنتجاتها المختلفة.

8. تربية الحيوان وما يرتبط بها من تجهيزات وأساليب.

9. الإنشاءات الزراعية وموادها واستعمالاتها.

10. المناخ والظواهر الجوية ورصدها.

11. الاقتصاد الزراعي والنظم المزرعية.

12. نظم التقييس وأجهزة القياس والفحص ذات العلاقة بالهندسة الزراعية.

13. العلوم الأخرى المساندة لعلم الهندسة الزراعية.

يتضمن الدليل 1176 مصطلحاً أساسياً في الهندسة الزراعية , ولكل من هـذه المصطلحات تفرعـات استخدامية . وجرت مراجعة المصطلحات وفق القواعد المعتمدة في مجمع اللغة العربية وآثرنا ذكر بعض المصطلحات الرديفة الشائعة الاستعمال في الـدول العربيـة . واستند الـدليل الى مراجع عربية وأجنبيـة متخصصة في مجالات الهندسة الزراعية

إن وضع هذا المجهود بين أيدي القراء الكرام سيعطي فرصـة لنـا وللآخرين لمزيـد مـن التطـور والتجديد , في مجال الهندسة الزراعية والتعبير عنها باللغة العربية ذات الخاصية المتميزة لاستيعاب العلوم .

الدكتور عبد المعطي الخفاف
كبير باحثي الاتحاد العربي للصناعات الهندسية

حرف الهمزة

1. إخلاء الأرض	1. field clearing (mopping up)

مصطلح يطلق على إخلاء أرض الحقل أو المزرعة من بقايا المحصول، ويتم الإخلاء بأساليب مختلفة، منها الحرق أو تقليع الجذور، أو حرث البقايا المحصولية ودفنها في الأرض لزيادة خصوبتها.

في الغابات، إزالة بقايا الأشجار والشجيرات بالقاشطات ومعدات القلع وبالأساليب الكيميائية، أو باستخدام الديناميت.

2. أداة	2. tool

أي وسيلة يدوية أو آلية، تستخدم لأداء عملية معينة، مثل الفأس والمنجل والشوكة والمعزقة من الأدوات اليدوية، والمنشار الآلي المستخدم في قطع الأشجار.

3. إدارة المزرعة	3. farm management

نشاط يتناول نواح متعددة تخص الشؤون الزراعية، من تخطيط وتنظيم، وإشراف وتنسيق، وتوجيه وإرشاد، ورقابة وتحكّم، وتنفيذ ومتابعة. تتطلب الإدارة معرفة تامة وخبرة واسعة بأصول الزراعة ومتطلباتها وأساليبها، وبطبيعة الأرض الزراعية والمناخ، والمحاصيل المختلفة وخصائصها، وبحيوانات المزرعة وأساليب تربيتها، وبأصول التكاليف والمحاسبة، وغيرها.

4. إرتشاح (تغلغل)	4. infiltration

مصطلح يطلق على دخول المياه (من السقي أو الأمطار أو الثلوج الذائبة) في الأرض وتغلغلها فيها. يساعد هذا الماء على زيادة منسوب الماء الأرضي والمياه الجوفية في أشكالها المختلفة.

| 5. bog soil | 5. أرض غدقة (مستنقع) |

أرض ندية القوام، فيها يغلب وجود أملاح ويطلق عليها " أرض بيضاء اذا كانت الأملاح قابلة للـذوبان في ماء غسل التربة، أو اسم " أرض قلوية، عندما تكون الأملاح غير قابلة للذوبان في الماء.

| 6. grassland (grizing land) | 6. أرض خضراء |

مصطلح عام، يطلق على الأراضي التي تكسـوها المـروج والكـلأ والحشـائش والأعشـاب الخضـراء، وهي مراعٍ طبيعية أو اصطناعية. وتتطلب رعايـة مسـتمرة لتظل الأرض محتفظـة بخضرتها أطـول فـترة ممكنة، وذلك من خلال التسميد والرعي المنظم.

| 7. meadow (pasture) | 7. أرض رعي (مرعى) |

أرض تتميز بغطاء نبـاتي وفـير مـن الحشـائش، منـه تتغـذى حيوانـات المزرعـة، كالأبقـار والمـاعز والأغنام. يساعد على وفرة الغطاء النباتي في المراعي، المناخ، وطبيعة التربـة، ووجـود الميـاه الجوفيـة علـى عمق قريب من سطحها.

| 8. agricultural land | 8. أرض زراعية |

أرض مهيأة للزراعة بطبيعتها (أو بعد استصلاحها) ويمكن، بزراعتها، إنتاج محاصيل زراعية وتنمية ثروات نباتية وحيوانية. تتميز بجودة تربتها ومقدرتها على الاحتفاظ بالماء بالقدر المطلوب.

| 9. arable land | 9. أرض صالحة للزراعة |

أرض تعطي إنتاجا زراعياً، بعد فلاحة تربتها وتهيئتها للزراعة أو تصلح لزراعة المحاصيل على نحو متواصل.

| 10. morass (peat land) | 10. أرض غرق (مستنقع) |

11. أرض قابلة للزراعة | **11. arable area**

أرض تجري فيها عمليات الاستصلاح لتكون صالحة للزراعة.

12. أرض قاحلة | **12. barren soil**

أرض مجدبة غير صالحة للزراعة.

13. أرض مُراحة | **13. fallow land**

أرض تحرث ثم تترك موسماً كاملاً من غير زراعة لإراحتها، ثم تعاد زراعتها إذا لم يكن هناك سبباً يمنع ذلك وهي أراضٍ مستوية أو متموّجة.

14. إزالة الأشجار كيميائياً | **14. chemical brush of wood**

وهي عملية إخلاء الأرض (أرض الغابات) من الشجيرات وبقايا الأشجار برش بعض الأحماض أو المحاصيل الكيميائية. ويجري الرش من الجو، غير أن هذا الأسلوب مرتفع التكاليف.

15.إزالة الغابات | **15. deforestration**

وهي عملية التخلص من الغابات بقطع أشجارها وإخلاء الأرض منها، بهدف إعادة تخطيط الموقع لإغراض تنمية زراعية على نحو مغاير أو لإغراض إنشاءات زراعية أو سكنية.

16. إزالة الماء (تجفيف) | **16. dehydration (drying)**

وهي عملية تقليل الرطوبة في المنتجات الزراعية التي تجفف إلى درجة محسوبة، مع الاحتفاظ بصفاتها وخصائصها الأصلية، كما هي الحال في معاملة الخضراوات والفواكه والحبوب والأسماك واللحوم مثلاً.

17. استصلاح (أصلاح) | **17. reclamation**

مصطلح عام يطلق على عملية تحويل الشيء أو تقويمه ليصبح صالحاً للاستخدام، وكما هي الحال في استصلاح الأراضي للانتفاع بها في الأغراض الزراعية أو المدنية. وفي حالة استصلاح الأراضي

غير الصالحة للزراعة نعمد إلى عدة عمليات أهمها تسوية الأرض وشق الترع والمصارف وحفر الآبار وإنشاء الطرق (land reclamation).

كما يتطلب الاستصلاح هذا أتباع أساليب زراعية معينة، وإعداد دورات زراعية ملائمة وإضافة مخصبات، وزراعة محاصيل مناسبة لتحسين الخواص الطبيعية والحيوية للتربة، وزيادة إنتاجيتها، وقد يستغرق الاستصلاح من 3 إلى 6 سنوات (★).

---

18. land use (land utilization) استغلال الأراضي

مصطلح يدل على الانتفاع بالأراضي الزراعية المتاحة بطبيعتها أو بعد استصلاحها. ويتطلب ذلك المعرفة المتاحة بخصائصها، فمنها ما يناسب المحاصيل، ومنها ما يناسب الإعمال البستنية أو الغابات، ومنها ما يناسب الرعي الطبيعي أو الإعداد لمراعي اصطناعية، وهكذا.

استصلاح الأراضي

Hand reclamation

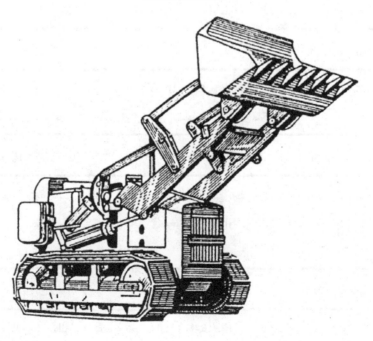

الشكل رقم (1) : منظر عام لبلدوزر جارف من الأنواع المستخدمة في استصلاح الأراضي

الشكل رقم (2) : جرار يعمل في استصلاح بعض أراضي المستنقعات

| 19. stability | 19. الاستقرار (الثبات) |

وهي حالة نلاحظها في مجرى النهر من حيث عدم التغيير على مرّ السنين مـن حيـث التعـادل بـين الإطماء والنحر (الهدم).

| 20. soil exhaustion | 20. استنفاد التربة |

مصطلح يطلّق على تناقص خصوبة التربة وتراجع مقـدرتها علـى الإنتـاج النبـاتي، نتيجـة لاسـتنفاد المخصبات بها وعدم تعويضها.

---

21. depreclation | **.21 استهلاك**

مصطلح في محاسبة التكاليف، ويعني تناقص أو انخفاض قيمة الأصل الثابت نتيجة الاستخدام أو التقادم أو التلفيات أو غيرها. يُحسب الاستهلاك بعدة طرق، أبسطها استنزال نسبة مئوية معينة وثابتة من القيمة الأصلية سنوياً، فإذا قدرنا ان عمر الأصل (ماكنة أو آلة) عشر سنوات مثلاً، فإن هذه النسبة تكون 10% وإذا كان عمر الأصل (البناية) عشرين سنة، فإنها تكون 5%، وإذا كان عمر الأصل 5 سنوات، فإنها تكون 20 % وهكذا.

---

22. tree felling (felling) | **.22 إسقاط الأشجار**

في الغابات، مصطلح يُطلق على قطع الأشجار من أسفل جذوعها، وإسقاطها على الأرض، باستخدام البلطات أو المناشير اليدوية أو الآلية. يتطلب الإسقاط تحزيز الجذع أولاً وتنظيف ما حوله، وتحديد اتجاه السقوط ومراعاة تدابير احتياطات السلامة والأمان.

---

23. timber | **.23 أشجار (أخشاب)**

مصطلح عام يُطلق على الأشجار القائمة، والأشكال الإنشائية المختلفة من الأخشاب التي تستخدم في صنع أعمدة التلفونات والسواري وقضبان السكك وأخشاب صنع الأثاث... الخ.

---

24. compretion ignition | **.24 الإشعال بالانضغاط**

في محركات الاحتراق الداخلي التي تعمل بوقود الديزل، اشتعال خليط الوقود والهواء (المنضغط) تلقائياً نتيجة للحرارة الشديدة المتولدة من الانضغاط. قد يُطلق على هذا الاشتعال كذلك اسم الاشتعال الذاتي.. (★).

الإشعال بالانضغاط

Compression ignition

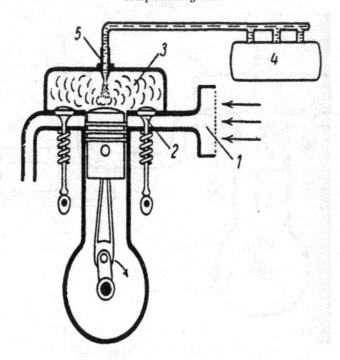

الشكل رقم (3) : الاشتعال بالانضغاط في محرك ديزل

1. سحب (شفط) الهواء
2. صمام السحب
3. غرفة الاحتراق
4. مضخة حقن الوقود
5. الحاقن (الرشاش)

25. الاشتعال بالشرر	25. spark ignition

في محركات الاحتراق الداخلي التي تعمل بالبنزين، اشتعال خليط البنزين والهواء المضغوط يتم بشرارة كهربائية تنبعث في التوقيت المناسب من شمعة الشرر(الاحتراق) (★).

الإشعال بالشرر

Spark ignition

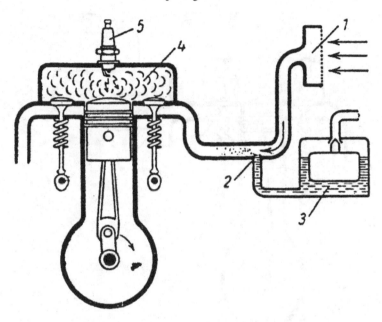

الشكل رقم (4) : الإشعال بالشرر في محرك بنزين

1. سحب (شفط) الهواء   4. غرفة الاحتراق

2. صمام السحب   5. شمعة الشرر (البوجيه)

3. المغذي (الكاربوراتير)

---

26. اشتعال متقدم   26. ignition ،advanced

الفترة الزمنية التي يتقدم فيها إشعال الوقود داخل اسطوانة المحرك عند وصول المكبس الى نهايتـه الميتة العليا، وكلما ازدادت سرعة المحرك كلما لزم تقديم هذا التوقيت والعكس صحيح.

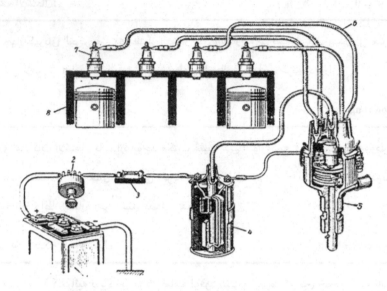

الشكل رقم (5) : دائرة الاشتعال ببطارية وملف إشعال

1. بطارية
2. مفتاح التلامس
3. مصهر (فيوز)
4. ملف الإشعال (البوبينة)
5. موزع الإشعال
6. أسلاك التوصيل بشمعات الشرر
7. شمعة الشرر
8. أسطوانة المحرك

27. إشعال بالبطارية 27. battery ignition

في محركات الاشتعال بالشرارة يوجد نظام إشعال الوقود بواسطة شمعة كهربائية تستمد شرارتها من بطارية كمصدر كهربائي.

وهناك حالات أخرى ترتبط بالإشعال وهي:

1. دائرة الإشعال 1. ignition circuit

وهي تصل بين جميع الأجزاء اللازمة لإنشاء شرارة كهربائية بشمعة الإشعال داخل غرفة

الاحتراق في الوقت المناسب.

2. ignition coil

2. ملف الإشعال:

جهاز كهربائي الغرض منه رفع التيار الصادر عـن البطاريـة الى ضـغط عـال يصـل الى حـوالي 15000 فولت يكفي لإحداث شرارة كهربائية تشعل خليط الهواء والوقود داخل غرفة الاحتراق.

3. ignition congenser

3. مكثف الإشعال

في محركات الاشتعال بالشرارة يوجد مكثف مثبت على التوازي مع قاطع الاتصال ووظيفته منـع تآكل نقطتي الاتصال، كما يعمل أيضا على تقوية التيار في الملف الثانوي وذلك بامتصاص وتخزين الشحنة الكهربائية تارة وإطلاقها تارة أخرى عند اتصال النقطتين.

4. ignition control additive

4. إضافة للتحكم في الإشعال

وهي مادة كيميائية تضاف بكميات ضئيلة لوقود البنزين بغرض تحسين خواص اشتعاله.

5. ignition delay

5. تعوّق الإشعال (تأخّر الإشعال)

وهي الفترة الزمنية بين جاهزية الوقود للإشعال واشتعاله الفعلي (بعد مدة).

6. ignition distributor

6. موزع الإشعال

طريقة لتوزيع تيار الضغط العالي الوارد من الملف الثانوي إلى شموع الإشعال بواسطة جهاز موزع الإشعال مع تنظيمه لتوقيت الاحتراق داخل غرف الاحتراق في محركات البنزين.

7. ignition ،high tension

7. إشعال بالضغط العالي

طريقة إحداث شرارة كهربائية داخل غرف احتراق محرك الاحتراق الداخلي بواسطة استخدام دائرة ابتدائية ذات ضغط منخفض ودائرة ثانوية ذات ضغط عال وقاطع اتصال أو موزع شرارة.

8. ضبط الاشتعال (قرقعة الاشتعال) **8. ignition knock**

في محركات الاحتراق بالشرارة تحدث قرقعة أو احتراق فجائي مصحوب بقرقعة محدثاً ضغطاً عنيفاً وقد يحدث هذا النوع من الاحتراق أساسا بسبب استعمال وقود غير مناسب أو نسبة انضغاط أعلى من اللازم.

9. تأخر الإشعال (انظر) **9. ignition lag (ignition delay)**

10. موصلات تيار الإشعال **10. ignition leads**

11. الإشعال بالجهد المنخفض **11. ignition low tension**

طريقة لإحداث شرارة من مصدر كهربائي مثل البطارية بحيث يصل الضغط بين قطبي الشرارة بدرجة منخفضة نسبياً قدرها حوالي 250 فولت.

12. الإشعال بالمغنيط **12. ignition magneto**

طريقة كهربائية لإحداث شرارة بين قطبي شمعة الإشعال في بعض محركات الاحتراق بالشرارة تعتمد على مغنيط كمصدر أولي بدلاً من البطارية.

13. ضجيج الاشتعال **13. ignition noise**

الصوت المنبعث من محرك اشتعال بالشرارة أثناء تشغيله.

14. مفتاح الاشتعال **14. ignition key**

مفتاح يستخدم لوصل أو فصل الدورة الابتدائية المكونة من بطارية وقاطع الاتصال والملف الابتدائي والمكثف.

15. شمعة الإشعال — 15. ignition plug

شمعة كهربائية مركبة بغطاء محرك البنزين وتتكون من قطبين معدنيين متصل احدهما بموزع الشرارة والآخر بهيكل المحرك.

16. نقطة الاشتعال — 16. ignition point

اللحظة التي يبدأ فيها اشتعال الوقود.

17. شرارة الإشعال — 17. ignition spark

الشرارة الناتجة بين قطبي شمعة كهربائية والتي تحدث احتراق خليط الهواء والوقود داخل غرفة الاحتراق بمحرك البنزين.

18. إشعال بالشرارة — 18. spark ignition,

صفة لمحرك احتراق داخلي يتم احتراق الوقود داخله نتيجة لشرارة كهربائية.

19. اشتعال تلقائي — 19. ignition ،spontaneous

احتراق كل شحنة الوقود والهواء في لحظة واحدة دون التدرج في الاحتراق كما يجب أن يكون.

20. مفتاح اشتعال (انظر الفقرة 14) — 20. ignition switch

21. نظام الإشعال — 21. ignition system

طريقة إشعال الوقود داخل غرفة احتراق المحرك وتأتي عادة على نوعين رئيسيين هما الإشعال بالشرارة والإشعال بالضغط.

22. درجة حرارة الاشتعال — 22. ignition temperature

23. توقيت الإشعال — 23. ignition timing

ضبط لحظة إشعال الوقود بالنسبة لتحرك المكبس وبالتالي لوضع عمود المرفق.

24. سرعة الاشتعال — 24. ignition velocity

25. ضغط تيار الإشعال — 25. ignition voltage

28. إصلاح زراعي — 28. agrarian reform

مصطلح يطلق على جميع الأعمال التي تجري على الأراضي لإعدادها للزراعة، والتخلص ممّا يعوق زراعتها وإنتاج محاصيل فيها، وإدخال المحسنات التي تزيد من خصوبتها واختيار المحاصيل والدورات الزراعية المناسبة لها وما إلى ذلك.

29. الإطار، الهيكل — 29. frame

في المحراث القلاب المتعدد الأبدان، الجزء الذي تثبت به قصبة كل بدن، وبقية أجزاء المحراث يدعى باسم الإطار(الهيكل). ويتكون عادة من قضبان وزوايا من الفولاذ لإكسابها المتانة وحمايتها من الانثناء.

30. إطماء (رواسب نهرية) — 30. alluvialation

مصطلح يطلق على عملية تراكم الرواسب النهرية من الحصى۔ والرمل والطمي في مواضع من الأنهار أو في البحيرات والأخوار نتيجة لإعاقة جريانها.

31. إعادة بذر — 31. resowing

إعادة غرس — replanting

وهي عملية ترقيع أو زراعة بديل لما يكون قد تلف بفعل القوارض، أو الآفات الزراعية، أو غيرها من الأسباب. وكثيرا ما تأكل القوارض البذور أو تعمل أنفاقاً في التربة تؤدي إلى قلقلة الجذور.

32. إعادة تشجير	32. reforestration

وهي إعادة زرع الأشجار في مناطق غابات سابقة أزيلت لحظة أخلاء معينة، أو دمرت بفعل حريق.

33. إعداد التربة	33. soil preparation

تهيئة التربة وتحضيرها للزراعة، ويشمل ذلك عمليات معاملة التربة والبذار والتسوية والتنعيم وعمل المروز وغيرها.

34. إعداد الحبوب	34. grain preparation

مصطلح يطلق على سلسلة من العمليات المتعاقبة التي تجري لتهيئة الحبوب بعد حصادها، من تنظيف مبدئي وفرز وتدريج وتجفيف لتقليل المحتوى الرطوبي، وتنظيف نهائي وفصل الشوائب وتحديد درجة الإنبات وغيرها.

35. إعصار	35. tornado

عاصفة بالغة العنف، تكون على هيئة سحب مصحوبة برياح شديدة، قد تبلغ سرعتها 320 كم في الساعة، وإمطار غزيرة، ورعد قاصف، فتحدث خسائر كبيرة، إذ تقتلع الزروع وتدمر المباني وتحطم السفن. ويمكن التقليل من شدتها بتلقيح السحب داخل الإعصار بيوديد الفضة، فتنخفض سرعة الرياح وتقل الخسائر.

36. أعمال المشتل	36. nursery work

إعمال تشمل زراعة بادرات الأشجار والشجيرات ونباتات الزينة والعشبية والزهور وخدمة هذه المزروعات من تقليم وترقيد وإكثار وحف وتطعيم وإنماء بالهرمونات ونقل الى أماكن أخرى أو إعداد للتسويق.

37. آفة	37. pest

مصطلح يطلق على أي حشرة مؤذية تتسبب في إتلاف المزروعات، أو إيذاء الحيوانات بنقل الإمراض، أو ضياع الممتلكات.

38. الاقتصاد الزراعي	38. agricultural economics

فرع من علوم الاقتصاد ويتناول الزراعة كمصدر للدخل والثروة ويعني بدور الزراعة في التنمية الاقتصادية، والفروق بين الزراعة اليدوية والزراعة الآلية، والموازنة بين التكاليف والعائد، وتسويق الحاصلات الزراعية وبحوث السوق وغيرها.

39. اقتلاع الأشجار غير النافعة	39. timberland weeding

إزالة الأشجار التي ليس لها قيمة تجارية أو تسويقية، ويعتبر نموها منافساً للأشجار الأخرى النافعة في الأرض والماء والغذاء.

40. أقراص تمتين	40. border discs

المتن خط فاصل يستعمل أساسا لتخزين مياه الري داخل حيز معين (ألواح). ويستخدم المصطلح عند عمل الأخاديد والخطوط عموماً وخاصة عند زراعة الأرز في ألواح (★).

ومن تطبيقات استخدام أقراص عمل المتن (التمتين) هي:

1. الري بالغمر من قنوات متوازية **border ditch irrigation1** .

2. خط حدود، خط فاصل **border line2** .

41. أكر	41. acre

وحدة من الوحدات البريطانية المستخدمة لقياس مساحات الأراضي، تساوي **0,4047** من الهكتار.

| 42. soil preparing machines | 42. آلات إعداد التربة |

الآلات التي تستخدم لتهيئة التربة الزراعية، وإعداد مرقد البذرة، كالمحاريث والمعازق والأمشاط وغيرها (★).

| 43. harvesting machinery | 43. آلات الحصاد |

الآلات والمعدات التي تستخدم لجمع أو قطف أو جني أو قلع المحاصيل المختلفة كمحاصيل الحبوب، ونباتات العلف الأخضر والمحاصيل الجذرية والدرنية (★).

| 44. cultivating equipment | 44. آلات العزق |

من آلات خدمة المحصول النامي. تختص بإثارة التربة بعمق بسيط لمقاومة الأعشاب التي يبدأ ظهورها مع نمو النبات، ولتهوية التربة والاحتفاظ برطوبتها.

أقراص تبتين

Lorder dises

الشكل رقم (6) : أقراص تبتين يجرها جرار زراعي لعمل بتون (حدود) في الأرض

آلات إعداد التربة

Soil preparing machines

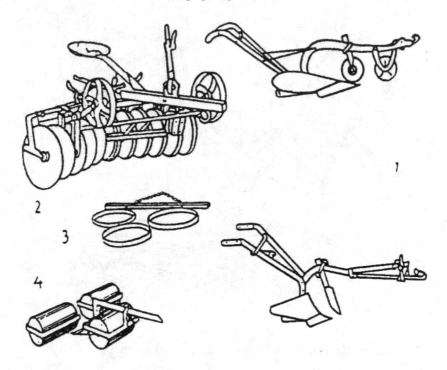

الشكل رقم (7) : رسومات تخطيطية لبعض آلات إعادة التربة

1. نوعان من المحاريث المترجحة
2. مشط قرصي
3. كسارة قلاقيل (زحافة)
4. مرداس أملس

آلات الحصاد

Harvesting machinery

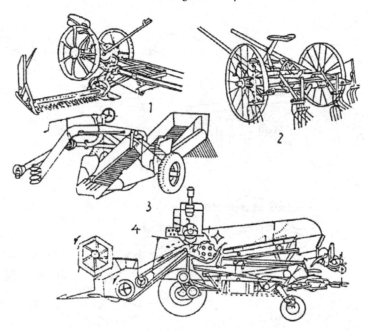

الشكل رقم (8) : رسومات تخطيطية لبعض آلات الحصاد

1. المحصدة
2. آلة نشر الدريس
3. آلة حصاد البطاطس
4. آلة الحصاد والدراس (الحصادة الميكانيكية)

45. آلات تجهيز الأعلاف

45. forage preparing machines

آلات لإعداد الأعلاف الخضراء أو الجافة وتجهيزها في علائق لتغذية الحيوانات، ويجري التجهيز بالتقطيع الى شرائح (بالنسبة للمحاصيل الجذرية أو الدرنية)، أو بالسحق والجرش (بالنسبة للمحاصيل الحبية)، أو بالقص والتفريط (بالنسبة للأعلاف الخضراء)، كالبرسيم مثلاً.

46. crop preparation machinery	46. آلات تجهيز المحاصيل

وهي الآلات والمعدات التي تختص بإعداد المحاصيل وتهيئتها للاستهلاك والتسويق والتخزين، ومنها آلات الدراس والتذرية، وآلات الضم، وآلات الرزم والكبس وآلات التفريط والجرش.

47. land preparing machinery	47. آلات تهيئة الأرض

آلات تختص بإعداد مراقد البذور – كالمحاريث، وإتمام مرقد البذرة – كالأمشاط والحادلات وآلات تسوية التربة، وآلات التخطيط – كالفجاجات، وغيرها.

48. pulse crops harvesting equipment	48. آلات حصاد البقول

وهي آلات تستخدم لحصاد البقول، كالباقلاء، واللوبيا، والفاصوليا والحمص وغيرها.

49. root crops harvesting machine	49. آلات حصاد المحاصيل الجذرية

تقوم هذه الآلات باقتلاع ورفع واستخلاص المحاصيل الجذرية والدرنية من باطن التربة، ومنها البطاطا واللفت أو البنجر والشمندر والجزر وغيرها.

50. leaf vegetable harvesting equipment	50. آلات حصاد الخضر الورقية

آلات لحصد محاصيل الخضر الورقية كالسبانغ واللهانة والقنبيط والخس مثلاً.

51. elevating machinery	51. آلات رفع

الآلات والمعدات المستخدمة في رفع البالات لشحنها أو تخزينها، ورفع الحبوب لتخزينها في الصوامع (السايلوات) وتعبئتها في أكياس.

| 52. agricultural machinery | 52. آلات زراعية |

مصطلح يطلق على مجموعة الآلات والمعدات (البدائية أو الحديثة) التي تستخدم في الأغراض الزراعية المختلفة، كتهيئة الأرض وإعدادها للزراعة، والبذار والري، وخدمة المحصول الباقي والحصاد، وتجهيز المحاصيل، فضلاً عن وسائل النقل المتعددة داخل المزارع وخارجها (★).

آلات زراعية

Agricultural machinery

الشكل رقم (9) : رسومات تخطيطية لبعض الآلات الزراعية

4. آلة تسطير البذور	1. جرار زراعي
5. آلة زرع البطاطس	2. آلة عزق (معزقة)
6. حفار استخراج البطاطس	3. عربة فرش أسمدة

53. press drill	53. آلة إثارة وبذر وكبس

آلة تقوم بتهيئة مرقد البذرة والبذار، ثم كبس التربة فوق البذور. تزود هذه الآلة بمجموعة من الأجزاء المفككة للتربة في المقدمة والحادلات (المراديس) في المؤخرة، وقد تزود أحياناً بجهاز (قادوس) للسماد لإجراء عملية التسميد في الوقت نفسه.

54. weed cutter (weeder)	54. آلة استئصال الحشائش الضارة

نوع من الأمشاط الخفيفة، ذات أسنان مرنة، تمر بين المحاصيل النامية في مراحلها الأولى من النمو لاستئصال الحشائش الضارة.

55. rotary weeder	55. آلة استئصال دورانية

آلة استئصال حشائش بمشط قرصي ذي أسنان مستقيمة أو مقوسة مركبة في حوافي القرص، وتستخدم لإبادة الأعشاب الضارة، وتفتيت سطح التربة.

56. cotton stem puller	56. آلة اقتلاع أعواد القطن

آلة اقتلاع أعواد القطن (حطب) المتبقية بعد الجني

57. bush puller (bush cutter)	57. آلة اقتلاع الشجيرات

آلة لاقتلاع الشجيرات والأشجار الصغيرة (التي لا تتعدى أقطارها 15 سم، وإخلاء الأرض منها).

58. combine harvester	58. آلة الحصاد والدراس

آلة الحصاد الميكانيكي الجامعة التي تقوم في عملية واحدة بضم المحصول القائم في الحقل، ودرسه وتذريته، وتجهيزه ومعاملته، وتعبئته أو نقله الى المقطورات أو وسائل النقل الأخرى، كما تقوم بتكويم القش المنفصل، كما قد تقوم بكبس القش وحزمه في بالات. وتغني هذه الآلة عن عدة آلات منفصلة كالقاصلة (المحصدة)، وآلة الحصد والربط، وآلة الدراس والتذرية الثابتة، وتحقق

انتاجية عالية ووفرة في المحاصيل (تقلل الضائعات) باقل ما يمكن من الشوائب (نقاوة عالية)، واقتصاد في الوقت والتكاليف واليد العاملة. وهي بذلك تعوض عن عدد من المكائن الزراعية المتخصصة.

59. simple machine	59. آلة بسيطة

مصطلح يطلق على أي آلة أو عدة أو أداة لا تحتاج الى وقود لتشغيلها. من أمثلتها الرافعات اليدوية والآسفين واللولب وغيرها.

60. pearling	60. آلة تبييض

آلة تستخدم لتبييض الرز (الارز) بعد ضربه وتقشيره، كما تصلح لتبييض أو تلميع غيره من المحاصيل الحبيبية.

61. baler	61. آلة تبييل (حزم البالات)

آلة لاعداد بعض المحاصيل أو مخلفاتها على هيئة حزم (بالات)، محددة الشكل والحجم، مربوطة بأسلاك أو حبل خاص، تتكون اساساً من سير ناقل، وجهاز كبس، وآخر للفصل، وثالث للربط. قد تكون ثابتة أو متحركة ولها أشكال منها:

1. آلة تبييل بالكبس وهي ثابتة press baler.

2. آلة تبييل لاقطة وهي متحركة pick – up baler.

مزودة بجهاز لقط، تمر في الحقل فتلقط كومات القش أو الدريس، أو محاصيل العلف الخضراء، أو غيرها، وتحولها الى بالات مربوطة. وقد تزود بترتيبة لقذف البالات إلى وسائل النقل (كالمقطورات أو سيارات الشحن) (★).

وهناك حالات مختلفة مرتبطة بتكوين البالات ومنها:

1. bale buster	1. مفجر البالات

وهي آلة ذاتية الحركة تقوم بفك ارتباط البالات المكبوسة.

2. baled density	2. كثافة البالة

وزن البالة مقسوما على حجمها، وهذه الكثافة تعتمد أساساً في حساب وزن الـدريس وتسـاعد في حساب نسبة الرطوبة.

3. baled hay	3. الدريس المكبوس (في الحقل)

4. bale loader	4. ناقل البالات (داخل الحضائر)

5. bale cotton press	5. آلة كبس القطن (في المحالج)

62. loader	62. آلة تحميل

مركبة ذاتية الحركة (كالجرار مثلاً) مزودة بترتيبة للتحميل والتفريـغ، والرفـع والنقـل والتصـفيف، تستخدم في المجالات الزراعية في الحقول والبساتين والغابات (★).

آلة تبييل لاقطة

Pick - up baler

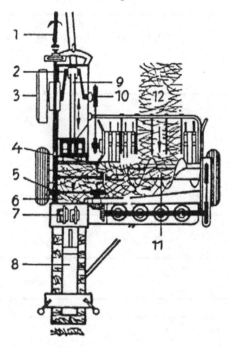

الشكل رقم (10) : رسم تخطيطي لآلة تبييل لاقطة

1. عمود الإدارة
2. عمود مرفقي
3. حدافة
4. سكين المكبس
5. السكين المقابلة
6. غرفة التبييل
7. وحدة الربط
8. مجرى البالات
9. ذارع توصيل
10. جهاز اللقط
11. حلزون (بريمة) التلقيم
12. كومة

آلة تحميل

loader

الشكل رقم (11) : جرار مزود بشوكة أمامية

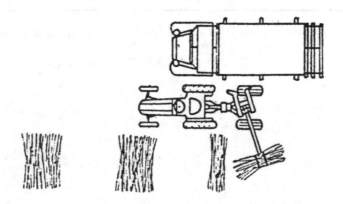

الشكل رقم (12) : رسم تخطيطي لعملية تحميل قصب السكر

| 63. ridger – seeder | 63. آلة تمتين (تخديد) وبذر |

آلة لعمل المتن (كومة طولية من التربة مرتفعة عن سطح الأرض الزراعية ومحدبة القمة ويتكون اخدود بين كل متن والمجاور له. ويمكن في عملية واحدة وضع البذور في المتن وتغطيتها.

| 64. ridger – buster | 64. آلة إزالة المتون |

آلة تعمل على إزالة المتون وردم الأخاديد بالتربة. تستخدم عادة قبل استعمال آلات الحصاد الآلي ويتكون سلاحها من أقراص. ولمصطلح المتن (ridge) استعمالات منها

1. الفلاحة على المتن ridge cultivation.

2. الزراعة على المتن ridge planting.

| 65. fodder chopper | 65. آلة تقطيع العلف الأخضر |

في آلات تجهيز العلف، آلة ثابتة لتقطيع الأعلاف الخضراء، كالبرسيم وأعواد الذرة وقش الرز بسكاكين حادة.

| 66. ridger | 66. آلة تخطيط (فجاج) |

آلة لتخطيط المروز، وتستخدم بعد الحراثة والتنعيم لزراعة المحاصيل الجذرية والدرنية (كالبنجر والبطاطا) والمحاصيل المروزية (كالقطن والذرة) (★).

آلة تخطيط (فجّاج)

Ridger

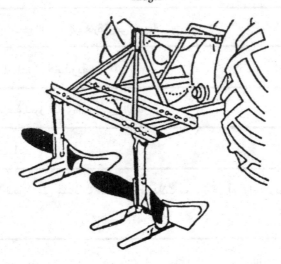

الشكل رقم (13) : آلة تخطيط معلقة بجرار

67. grader	**67. آلة تدريج وتسوية**

آلة ذاتية الحركة، أو مجرورة، أو معلقة، بها سلاح قاشط تستخدم لتدريج الأرض وتمهيدها أو تسويتها، وقد تستخدم لردم الحفر والخنادق، ويمكن وضع السلاح في وضع مستقيم أو مائل.

68. seed drill	**68. آلة تسطير البذور**

آلة لوضع البذور في الأرض المعدة للبذار في سطور وذلك من خلال آلية البذار في القادوس نزولاً في أنابيب (خراطيم) البذار وصولاً الى التربة، ثم تغطى البذور بواسطة إمشاط خفيفة نابية الشكل (★). المسافة بين السطور، في الغالب، 15 سم وتستعمل عادة لبذار الحبوب (**grain drill**).

69. plain drill	69. آلة تسطير بسيطة

أبسط أنواع تسطير البذور الصغيرة وهي يدوية.

70. root drill	70. آلة تسطير المحاصيل الجذرية

وهي آلة خاصة لغرز تقاوي المحاصيل الجذرية.

71. spacing drill	71. آلة تسطير متباعد

آلة تسطير خاص، على مسافات محددة، بمعدلات محسوبة، إما واحدة بواحدة أو في مجموعات صغيرة.

72. seed and fertilizer drill	72. آلة تسطير وتسميد

تقوم الآلة بتسطير البذور والتسميد في وقت واحد (أثناء البذار) وتتكون من صندوق للسماد وآخر للبذور وخلاط لخلط البذور بالسماد وجهاز تلقيم.

آلة تسطير بسيطة

Plain drill

الشكل رقم (14) : نوع من آلات التسطير

73. آلة تسطير وكبس — 73. packer - seeder

آلة تسطير وتسميد مزودة بعجلات (خلف الفجاجات) لكبس التربة في الأراضي الخفيفة غير المتماسكة، بقصد حدّلها.

74. آلة تشكيل الزبد: — 74. butter moulding machine

من ألآت الصناعات الغذائية الخاصة بصنع الزبد وتقطيعه في قوالب ذات إشكال معينة وفقاً للاحتياجات.

75. آلة تشكيل العلف — 75. cuber (cubing machine)

آلة لكبس العلف وتشكيله على هيئة مكعبات صغيرة عادة، يسهل على الحيوانات التقاطها ويسهل نقلها.

76. آلة تصفيف — 76. stacker

آلة أو معدّة، رافعة ذات شوكات طويلة، تستخدم لرفع الحزم أو الأكوام وتصفيفها بعضاً فوق بعض.

77. آلة تضبيب (تعفير) — 77. knapsack duster

آلة تعفير، فيها يُحمل الوعاء المحتوي على مسحوق التعفير على ظهر عامل التشغيل، ويجري الرش، بواسطة نافخة (مروحة)، على هيئة ضباب.

78. آلة تعبئة الزجاجات — 78. bottling machine

آلة لتعبئة الزجاجات (القناني الزجاجية). تستخدم في الصناعات الغذائية. وهي آلة أوتوماتيكية لملء العبوات بالمشروبات والأطعمة كالألبان ومشتقاتها، وقفلها بسدادات محكمة وفقاً لاشتراطات خاصة تتناسب مع الاستخدام والاحتياجات.

---

79. can sterilizer | .79 آلة تعقيم العبوات

في صناعة التعليب، آلة لتعقيم العلب في إحواض معدنية مفتوحة أو مقفلة. قد يجري التعقيم مع تقليب العلب أو بدونه.

---

80. stump chopper | .80 آلة تفتيت بقايا المحاصيل

آلة من الآت خدمة التربة والمحافظة عليها، وتحسين خواصها، وتقوم بتقطيع وتفتيت بقايا المحاصيل والمزروعات القائمة في الحقل عقب الحصاد والجني، تمهيداً لـدفنها – عنـد الحراثـة – في باطن التربـة لتتحلـل وينتج عنها الدبال (السماد العضوي). وتتكون هذه الآلة أساسا من اسلحة فولاذية دوارة حادة الحـواف، تـدور فوق البقايا ذاتياً، أو تستمد حركتها من مأخذ القدرة بالجرار (★).

---

81. huller | .81 آلة تقشير

آلة ذات مضارب لفصل القشرة عن الحبوب.

---

82. bush combine | .82 آلة تقطيع الشجيرات

تستخدم لقطع وإسقاط الشجيرات والأشجار الصغيرة. يجـري القطع بعد تحزيز الجـذوع قرب سطح الأرض. بها ترتيبة لتقطيع الأخشاب وحمل، أو جـر الأشـجار الى موقـع تكديسـها، أو تحميلهـا عـلى سيارات.

آلة تفتيت بقايا المحاصيل

Stamp chopper

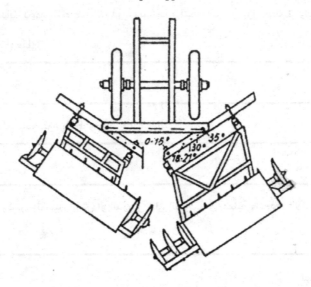

الشكل رقم (15) : آلة تفتيت تتكون من صفين من الأقراص، وكل منهما يشمل تسعة أقراص تفتيت. ويمكن التحكم في زاوية ميل صف الأقراص

83. آلة تقليب (محراك)، خلاط	**83. agitator**

آلة تستخدم لتقليب المواد ورجها وخلطها لزيادة مزجها، وذلك في الصناعات الغذائية، وفي خلط المبيدات.

84. آلة تكسير (كسارة)	**84. crusher**

آلة أو جهاز لتكسير المادة وتفتيتها بين عضوين أو فكين أحدهما دوار والآخر ثابت. من أنواعها (★):

1. كسارة لفافة **gyratory crusher**.

2. كسارة دوارة **rotary crusher**.

85. root cleaner	85. آلة لتنظيف الجذور

إحدى معدات تجهيز المحاصيل الجذرية. تستخدم لتنظيف الجذور (البنجر والجذر مثلاً) قبل تقطيعها الى شرائح أو نقلها.

86. corn picker	86. آلة جمع الذرة

من آلات الحصاد. تقوم بلقط وجمع عرانيس الذرة.

87. collector press	87. آلة جمع وكبس

آلة جمع وكبس وتحميل القش أو الدريس على التعاقب في عملية واحدة، الآلة مزودة بقاذف بالات على مسافة معينة (★).

88. corron bicker	88. آلة جني القطن

تستخدم لِلَقطِ القطن من اللوزة بواسطة جهاز لقط يمكنه العمل على صفين من المحصول (★).

آلة تكسير (كسارة) crusher

أ. كسارة لفافة (gyratory crusher).

ب. كسارة فكية (jaw crusher).

ج. كسارة دوارة (rotary crusher).

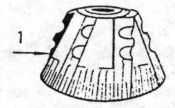

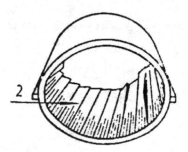

الشكل رقم (16) : كسارة دوارة صغيرة

1. مخروط دوار   2. سطح السحق (الجزء الثابت)

آلة جمع وكبس

Collector press

الشكل رقم (17) : آلة جمع وكبس في أثناء العمل بالحقل

آلة جني القطن

Cotton picker

الشكل رقم (18) : آلة جني القطن

| 89. filed chopper | 89. آلة حش وتقطيع |

آلة من الآت الحصاد متعددة الأغراض، تستخدم لحصاد (قصل) محاصيل العلف الأخضر (البرسيم والذرة مثلاً) وتقطيعها في الحقل، سواء للتغذية المباشرة أو للحفظ في الصوامع، (السايلوات) الخاصة . كما تستخدم لحصد محاصيل العلف وجمع القش، وتجهيز الدريس (في عملية واحدة). وقد تزود بجهاز خاص لحصد الذرة أو بعض المحاصيل الحبية الأخرى (★).

| 90.swather | 90. آلة حش وتكويم |

من آلات حصاد محاصيل العلف الأخضر، يمكنها في عملية واحدة ــ اثناء سيرها في الحقل ــ حصد (حش) المحصول وتكويمه في أكوام يتراوح عرضها بين 1 ــ 2 م، دون فقد في القيمة الغذائية، كما يمكنها - بعد تزويدها بترتيبة خاصة - إنتاج الدريس أو تجهيز المحصول لعمل السايلج (السلوجة) (★).

| 91. potato harvester | 91. آلة حصاد البطاطا |

آلة حصاد جامعة، تستخدم لفصل البطاطا واقتلاعها من التربة، وحملها أو دفعها الى أوعية خاصة لجمعها، وقد تزود بترتيبة أخرى لنقلها الى مقطورات الشحن (★).

| 92. beans harvester | 92. آلة حصاد البقول الجامعة |

آلة حصاد جامعة تشبه الى حد بعيد المحراث الحفار. تعمل على تفكيك التربة حول ثمار بقول (فستق الحقل) الدفينة تحت السطح، واقتلاع المحصول ونقله الى غربال هزاز (بالآلة نفسها) لتنظيفه من بقايا التربة، ثم تكويمه وتركه على الأرض في صفوف (حتى يجف، تمهيداً لدراسه).

| 93. forage harvester | 93. آلة حصاد العلف |

تستخدم الآلة لحصاد محاصيل العلف عن طريق قطعها، أو لقطها ثم تقوم بغرسها وتجهيزها في الحقل، ثم مناولتها أو نقلها الى وسائل النقل كالمقطورات أو سيارات الشحن (★).

آلة حش وتخريط

Field chopper

الشكل رقم (19) : آلة حش وتخريط في أثناء العمل بالحقل

آلة حش وتكويم

Swather (windrower)

الشكل رقم (20) : آلة حش وتكويم

آلة حصاد البطاطس

Potato hurvester

الشكل رقم (21) : آلة حصاد البطاطس (محصدة بطاطس)

آلة حصاد العلف (حصَّادة العلف)

Forage harvester

الشكل رقم (22) : أحد طرازات آلة حصاد العلف

94. hemp harvester	94. آلة حصاد القنب

من آلات الحصاد. تستخدم لقطع سيقان (ألياف) القنب، وتخليصها من الحشائش والأعشاب وطرحها على هيئة حزم.

95. flax harvester	95. آلة حصاد الكتان

آلة تستخدم لحصاد الكتان بجذب أعواده (أليافه) واقتلاعها من الأرض. وقد تزود بآليات لاستخلاص خيوطه ونقلها على بكرات.

96. turnip harvester	96. آلة حصاد اللفت (السلجم)

من حاصدات المحاصيل الجذرية والدرنية. وتستخدم لقطع رؤوس اللفت (بأنواعه المختلفة)، ورفعها وتكويمها أو تحميلها.

97. sugar beet harvester	97. آلة حصاد بنجر السكر

من آلات حصاد المحاصيل الجذرية والدرنية تختص بقلع رؤوس بنجر السكر واقتلاعها ورفعها، ثم تنظيفها وتكويمها أو تحميلها ونقلها. قد تزود بترتيبات أخرى لتكويم الجذور على الأرض، أو نقلها الى مواقع أخرى داخل الحقل أو خارجه (★).

98. fodder beet harvester	98. آلة حصاد بنجر العلف

تقوم الآلة باقتلاع البنجر من التربة من جذوره وتنظيفه وتهيئته للتعبئة.

99. sugar cane harvester	99. آلة حصاد قصب السكر

آلة حصاد ذاتية الحركة تقوم بفصل أعواد القصب عند سطح الأرض أو تحته بقليل، بينما يقوم جهاز مختص برفع الأعواد وتنظيفها من الأغلفة والقشور ثم تكويمها على الأرض أو تحميلها على وسائل نقل مختصة لذلك. قد تزود الآلة بترتيبة لتقطيع الأعواد إلى أجزاء صغيرة تسهل تداولها وإعدادها، كذلك معدات خاصة لكبسها. ,

آلة حصاد بنجر السكر

Sugar beet harvester

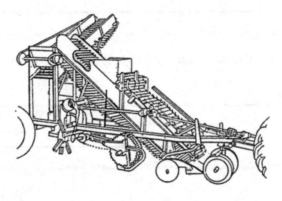

الشكل رقم (23) : رسم تخطيطي لآلة حصاد بنجر السكر

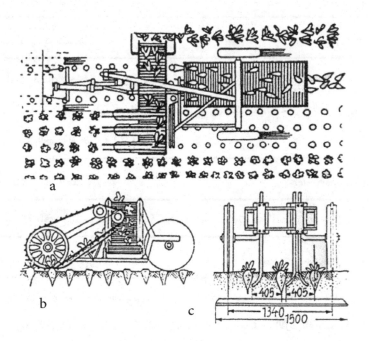

الشكل رقم (24) : آلة الحصاد في أثناء العمل

a. مسقط أفقي لآلة الحصاد   c. ترتيبة رفع البنجر

b. ترتيبة قطع الرؤوس ونقلها

100. آلة حصد (قصل) وربط	100. binder

محصدة (قاصلة) ذات تصميم يناسب حصد المحاصيل الحبية، كالقمح والشعير والرز، بحيث لا تتأثر الحبوب، وبها ترتيبة لربط المحاصيل في حزم متساوية لتسهيل عملية درسها أو قذفها بعيداً عن مسار الآلة (★).

101. آلة حصد ونقل:	101. cutter loader

من آلات الحصاد التي تستخدم لحصد وإعداد محاصيل العلف الأخضر للتغذية المباشرة أو نقلها للحفظ في المخازن (سايلوات).

102. آلة حفر وتطهير (كراءة): **102. dredger**

إحدى المعدات العائمة المزودة بترتيبات كالجواريف والدلاء، تستخدم في إعمال حفر وجرف وشفط الرواسب والعوائق الموجودة في القنوات والمجاري المائية لتطهيرها / أو توسيعها وتعميقها.

آلة حصد وربط **binder**

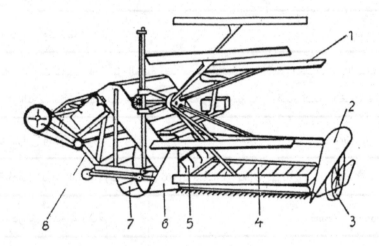

الشكل رقم (25) : رسم تخطيطي لآلة الحصد والربط

1. مضرب الضم	4، 5. حصيرة
2، 6. مقسم	7. عجلة دفع
3. عجلة أرضية	8. جهاز الربط والحزم

103. آلة حفر مراقد الشجيرات **103. tree seeding machine**

آلة لحفر مراقد الشجيرات والأشجار الصغيرة، تناسب الاستخدام في الأراضي المتروكة. ويمكنها عمل حفر بعمق 180 سم (★).

104. milking machine	104. آلة حلب

آلة لحلب الأبقار والجاموس، أو الأغنام والماعز، وجمع ألبانها بطريقة آلية توفر الجهد اليدوي والوقت المبذول في الحلب بالأيدي، وتكفل نظافة الحليب وتحقيق الاشتراطات الصحية. ويمكن لفرد واحد حلب حوالي 40 – 50 بقرة مثلاً في الساعة الواحدة باستخدام آلة الحلب، في حين يستغرق حلب هذا العدد يدوياًُ حوالي 15 ساعة. وثبت تجريبياً أن الأبقار، وغيرها تستجيب للحلب بالآلات على نحو أفضل، لما تتميز به من انتظام واتزان في حركة الحلب (★).

105. Thresher	105. آلة دراس وتذرية

آلة من الآت تجهيز المحاصيل الحبية بعد حصدها. تستخدم لفصل الحبوب عن السنابل، أو القش أو القشور أو التبن، واستخلاصها منها. قد تزود بآلية لتدريج الحبوب واستبعاد البذور الغريبة منها (★).

106. rice Thresher	106. آلة دراس وتذرية الرز

آلة بدائية لدراس الرز وتذريته. تشغل بدوارة قدمية أو بمحرك كهربائي أو بالوقود (★).

107. stationery thresher	107. آلة دراس وتذرية ثابتة

آلة دراس وتذرية لا تقوم بحصد المحصول، كما هو الحال في الآت الضم والدراس، وإنما يبدأ عملها بعد حصده وتلقيمها به.

108. hoist	108. آلة رافعة

تتكون هذه الآلة من مجموعة بكرات تشغل يدوياً (بسلاسل)، أو بمحرك كهربائي، تستخدم في مجال مناولة المواد لرفع (أو خفض) الأحمال، أو نقلها (★).

آلة حفر مراقد الشجيرات

Tree seeding machine

الشكل رقم (26) : آلة حفر مراقد تصلح للعمل في الأراضي السبخة

آلة حلْب Ilking machine

الشكل رقم (27) : آلة حلب موصلة بخط أنابيب يحمل اللبن مباشرة من الماشية إلى معمل
الألبان

آلة حفر دراس وتذرية

Thresher (threshing machine)

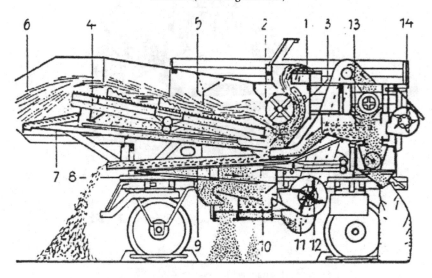

الشكل رقم (28) : آلة تذرية ودراس

1. فتحة التلقيم	6. قش
2. المضرب	7، 8. مدرج حبوب
3. الصدر (الحصيرة)	9، 10، 13. غربال
4. هزاز القش (الرداخ)	11. حلزون (بريمة) دفع الحبوب
5. لوح تنظيم	12، 14. مروحة نافخة

آلة دراس وتذرية الأرز

Rice thresher

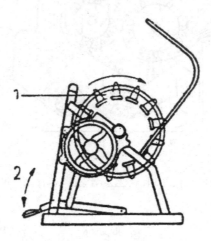

الشكل رقم (29) : آلة دراس وتذرية الأرز تدار بالأقدام

1. مضرب الدراس   2. بدال

آلة دراس وتذرية ثابتة

Statinary thresher

الشكل رقم (30) : آلة دراس وتذرية ثابتة تستمد حركتها من محرك

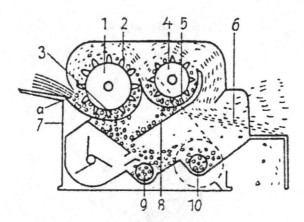

الشكل رقم (31) : رسم تخطيطي في آلة الدراس والتذرية

a. التلقيم

6. الغربال	1. المضرب الأساسي
7. المروحة	2. الأصابع
8. مدرج الحبوب	3. صدر المضرب الأساسي
9. حلزون (بريمة) الحبوب	4. المضرب الثانوي
10. حلزون (بريمة) الرؤوس غير المدروسة	5. صدر المضرب الثانوي

---

109. آلة رش الأسمدة السائلة   109. liquid manure spreader

آلة تناسب رش الأسمدة وهي في حالة سائلة وذلك برشها على سطح التربـة، بمعـدلات يمكـن التحكم بها.

---

110. آلة رفع   110. lifting device

مصطلح عام يطلق على أي آلة تستخدم لرفع المياه (أو السـوائل الأخرى). قـد تشـغل آلـة الرفـع هذه يدوياً أو باستخدام الحيوانات. من أمثلتها الشادوف (★).

111. آلة زرع (غرز) البطاطا — 111. potato planter

آلة أوتوماتكية، أو شبه أوتوماتكية، لوضع درنات البطاطا (غرز التقاوي) في مراقدها بالتربة في صفوف متوازية، وعلى مساحات محددة، ثم إهالة التربة عليها لتغطيتها (★).

آلة رافعة hoist

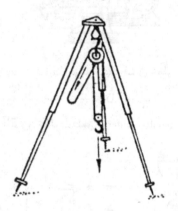

الشكل رقم (32) : مجموعة بكرات رافعة من النوع المتنقل

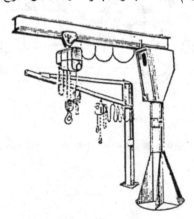

الشكل رقم (33) : آلة رافعة من النوع الثابت

آلة رفع lifting device

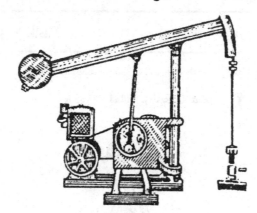

الشكل رقم (34) : آلة رفع مياه تعمل بمحرك (تشبه الشادوف في عملها)، وتستخدم خاصة في المناطق الزراعية البعيدة عن العمران

آلة زرع البطاطس potato planter

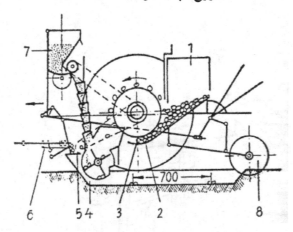

الشكل رقم (34) : آلة زرع البطاطس، وبها ترتيبة للتسميد

1. قادوس
2. مدرج تغذية
3. جهاز الغرس
4. فجّاج
5. آلية التشغيل
6. وسيلة ضبط
7. ترتيبة التسميد
8. أقراص تغطية

112. combine planter	112. آلة زرع وتسميد

آلة مزودة بجهاز لغرز درنات البطاطا في مراقدها ووضع السماد معها في الوقت نفسه.

113. forage crusher	113. آلة سحق (جرش) العلف

آلة من آلات تجهيز الأعلاف، تعمل بأسلوب السحق (الجرش) باستخدام زوجين من الأقراص الدوارة، ذات تصميم خاص لسحق المواد العلفية وجعلها مستساغة للحيوان.

114. capping machine	114. آلة سد القوارير

من آلات الصناعات الغذائية تستعمل لسد القوارير ــ بعد تعبئتها بالمنتجات الغذائية ــ بسدادات محكمة وفقاً لاشتراطات ومواصفات معينة.

115. transplanter	115. آلة شتل

آلة لنقل شتلات (بادرات) المحاصيل على نطاق تجاري، وزرعها في مراقدها النهائية. وقد تزود بتجهيزات لوضع كميات محددة من المياه والمواد الغذائية الذائبة لامداد الجذور بها.

116. mulcher transplanter	116. آلة شتل وتغطية

آلة شتل مزودة بجهاز لإهالة التربة وتغطية الشتلات بعد غرسها.

117. root gapper	117. آلة ضبط المسافات البينية

من آلات الخف. تستخدم للتحكم في المسافات بين صفوف المحاصيل وبين بعضها البعض ، باقتلاع بعض الشتلات من بينها.

118. rice combine	118. آلة ضم ودراس الرز

آلة حصاد ميكانيكي خاصة بالرز مزودة بإطارات مطاطية كبيرة المقاس أو مجنزرة لزيادة تماسكها

مع أراضي حقول الرز الغدقة وتسهيل اجتيازها للمتون الموجودة عادة.

آلة طرد مركزي (فرّازة) centrifuge

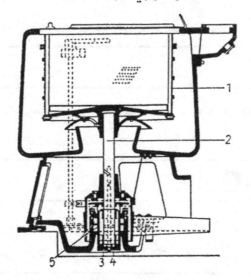

الشكل رقم (36) : آلة طرد مركزي تدار من أسفلها

4. جلبة	1. وعاء (سلة)
5. مصد مطاطي	2. عمود الدوران
	3. محمل

آلة طرد غرس الشتلات

Seedling planter

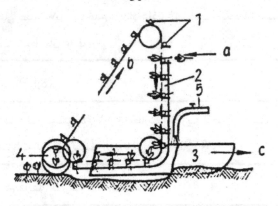

الشكل رقم (37) : رسم تخطيطي لآلة غرس الشتلات

2. شريط توجيه	a. تلقيم الشتلات باليد
3. فجاج	b. اتجاه دوران الحصيرة الناقلة
4. عجلة	c. اتجاه السير
5. ترتيبة سقى	1. ماسك الشتلة

آلة غرس الشجيرات

Tree planter

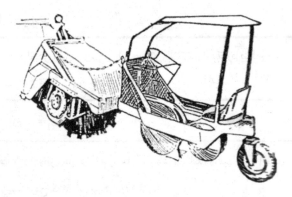

الشكل رقم (38) : منظر عام لآلة غرس الشجيرات

| 119. cooker (food steamer) | 119. آلة طبخ العلف |

آلة أو جهاز على هيئة غلاية تستخدم لإعداد علف الحيوانات (الكسبة) بكبس المكونـات وتقليبها وتسليط بخار ماء تحت ضغط عال عليها.

| 120. centrifuge | 120. آلة طرد مركزي (فرّازة) |

آلة تدور بسرعة عالية، وتستخدم القوى الطاردة المركزية لفصل الجسـيمات العالقـة بالسـوائل. تستخدم في مجال الصناعات الغذائية لفصل الزبدة من اللبن مثلاً (★).

| 121. ultracentrifuge | 121. آلة طرد مركزي فائقة السرعة |

آلة تفوق سرعتها سرعة آلة الطرد المركزي مئات المرات لفصل مخـاليط السـوائل مختلفـة الكثافة وترسيب المواد العالقة فيها.

| 122. seeding planter | 122. آلة غرس الشتلات |

آلة لغرس الشتلات (البادرات) في صفوف بنظام محدد، من حيـث المسـافات بـين الصـفوف وبـين الشتلات (★).

| 123. tree planter | 123. آلة غرس الشجيرات |

في الغابات، آلة لحفر المراقد وغرس الشجيرات والاشجار الصغيرة بنظام محدد وقـد تـزود السـماد في الحفر في الوقت نفسه (★).

| 124. planter | 124. آلة غرس في نقر |

آلة من آلآت البذر والزراعة، تقوم بعمل نقر وغرس البذور فيها على أعمـاق مناسـبة، ثـم ردمهـا لتغطية البذور المغروسة، مع كبس التربة فوقها (★).

125. آلة غسل القوارير	125. bottle washer

في الصناعات الغذائية (كصناعة الألبان مثلاً)، آلة لغسل القوارير (الزجاجات والعبوات) التي يتكرر استخدامها، وتنظيفها وفقاً للاشتراطات الصحية، قبل إعادة تعبئتها ثانية.

126. آلة فرز وتدريج البطاطا	126. potato sorter

إحدى آلات ومعدات تجهيز المحاصيل الجذرية، تستخدم لفرز البطاطا وتدريجها وفقاً لأحجامها بشبكة دوارة ترددية.

127. آلة فرم ونفخ	127. cutter blower

آلة لتقطيع محاصيل العلف، بعد حصدها، ثم دفعها بالنفخ (بعد التقطيع) في أنابيب مغلقة.

128. آلة فصل الحبوب	128. separator

في معدات تجهيز الحبوب وبذر التقاوي، آلة لفصل الشوائب عن الحبوب أو البذور وغربلتها مما يعلق بها من قش أو قشور أو تربة وحصى (★).

129. آلة قطع البزاليا	129. pea cutter

في ألات تجهيز المحاصيل الخاصة، آلة لقطع البزاليا وتكديسها في كومات وصفوف.

الشكل رقم (39) : آلة الغرس في أثناء العمل

آلة غرس في نُقر

Tree planter

الشكل رقم (40) : منظر عام لآلة غرس في نقر

آلة فصل الحبوب

separator

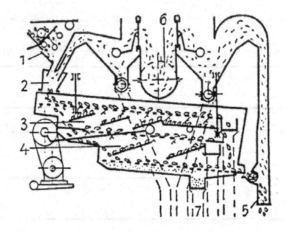

الشكل رقم (41) : رسم تخطيطي لعمل آلة فصل (تنظيف) الحبوب

1. فتحة التلقيم
2. ترتيبة تنظيف بالهواء
3. غربال
4. مدرج حبوب
5. ترتيبة شفط
6. مروحة
7. مجرى طرد

130. آلة قطع الجذور	130. root cutter

إحدى آلات تجهيز المحاصيل لجذرية بقطع الجذور على شكل شرائح أو اصابع، عن طريق وحـدة قطع تتكون من قرصي دوار به قواطع بارزة، أو ترتيبة دوارة (برميل) بها مثل هذه القواطع.

131. آلة قطع وتحميل البزاليا	131. pea cutter - loader

هي آلة لقطع البزاليا وبها آلية للتحميل في إحدى وسائل النقل.

| 132. cotton stripper | 132. آلة قطف لوزة (جوزة) القطن |

آلة من آلات جني القطن، تستخدم لقطف اللوزات (الجوزات) التي لم تنفتح بالقدر المطلوب،
أو التي لم تنفتح على الإطلاق، والتي تظل في أعوادها بعد عملية الجني.

| 133. stone picker | 133. آلة لقط الحصى |

إحدى آلات إعداد التربة، تستخدم للقط الحصى والأحجار الصغيرة، وجمعها من سطح التربة
(الأرض) (★).

| 134. seed broadcaste | 134. آلة نثر البذور |

آلة يتبع فيها أسلوب النثر. تتكون من قادوس طويل لاحتواء البذور، ومجموعة من أقراص دوارة
في قاع القادوس تعمل على دفعها ونشرها بمعدل يمكن التحكم فيه. ومنها ما هو محمول على الكتف أو
مقطور خلف الجرار.

آلة لقط الحصى stone picker

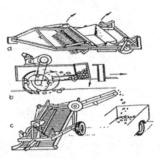

الشكل رقم (42) : أشكال مختلفة لآلات لقط الحصى والحجارة
a. آلة على هيئة مكنسة بصف من الأسنان الطويلة المائلة والمتوازية.
b. آلة مزودة بدرفيل مستعرض به أصابع تدفع الحصى إلى قادوس تجميع.
c. آلة مزودة بسلاح كشط عريض وحصيرة رافعة لنقل ما يجمع في مقطورة خاصة.

135. آلة نشر الدريس
135. hay ledder

آلة لتفكيك ونشر أكوام الدريس ومحاصيل العلف المجمعة في صـفوف، بهـدف تجفيفهـا بـالهواء وهي في الحقل (★).

136. آلة نقل شتلات الرز
136. rice transplanter

آلـة لرفع الشـتلات (البـادرات) مـن مراقـد الانبـات الأولى، ونقلهـا للغـرس في الارض المخصصـة لاستكمال نموها.

137. ألقاح
137. inoculation

في تربية الحيوان، إدخال كائنات حية دقيقة في نسيج جسم الحيوان، أو مجـرى دمـه، لاكسـابه مناعة ضد مرض ما.

138. آلية
138. mechanism

أي ترتيبة لنقل الحركة، أو تحويلها من شكل إلى أخر (من ترددية الى دوارنية، أو العكس، مثلاً).

139. آلة تحميل أخشاب
139. log loader

في الغابات، ترتيبة لتحميل أو جـر الأخشـاب، يـزود بهـا الجـرار أو المعـدات الزراعيـة المخصصـة للعمل في الغابات (★).

140. إمتزاز
140. adsorption

الإمتزاز أحد حالتين:

1. تكثف طبقة من سائل على سطح مادة جامدة (صلبة).

2. تعلق المياه بالتربة بفعل الشد السطحي ضد تاثير الجاذبية الارضية.

آلة نشر الدريس (ناشرة الدريس)

Hay tedder

الشكل رقم (43) : منظر عام لآلة نشر الدريس

آلة تحميل أخشاب

Log loader

الشكل رقم (44) : آلية تحميل أخشاب مركبة

---

141. ammonia   141. آمونيا

منتج غازي مكون من الهيدروجين والنتروجين، سريع الذوبان بالماء، ينتج بالطرق الكيميائية أو بتحلل المواد الحيوانية. يستخدم مباشرة كسماد، أو بطريقة غير مباشرة بتحويله الى مركبات أخرى منها اليوريا التي تستخدم لتغذية النبات.

---

142. seed tube   142. أنبوب بذر

في آلات تسطير البذور، أنبوب يستخدم في نقل البذور من جهاز التلقيم إلى الفجاج الذي يقوم بفتح الأخاديد في التربة.

---

143. mixed fodder production   143. إنتاج الأعلاف المختلطة

إعداد خلائط الأعلاف المختلفة بنسب معينة ومزجها وتكيسها وتجهيزها في إشكال محددة (مكعبات مثلاً).

---

144. animal production   144. الإنتاج الحيواني

فرع من العلوم الزراعية يتناول تربية الحيوان في المزرعة بما في ذلك التغذية والعوامل الوراثية ذات العلاقة والامراض وغيرها. ويشمل ذلك جميع المنتجات الحيوانية، كالألبان واللحوم والبيض والصوف والشعر والوبر وما الى ذلك.

---

145. agricultural production   145. الإنتاج الزراعي

فرع من العلوم الزراعية يتناول الإنتاج النباتي والإنتاج الحيواني، فضلاً عن الإنتاج السمكي وما يتعلق بهذه المنتجات.

---

146. mass production | 146. إنتاج كمي

في مجالات الإنتاج المختلفة، عند إنتاج منتجات متماثلة بأعداد كبيرة، على نحو سريع، وباستخدام الآلات كلياً أو جزئياً، كما هي الحال في مصانع الجرارات.

147. plant production | 147. الإنتاج النباتي

فرع من علوم الزراعة (الإنتاج الزراعي) يتناول فسيولوجيا النبات التطبيقية، وتغذية النبات وتربيته وتنمية العوامل الوراثية ومعالجة الإمراض والحشرات ومقاومة الأدغال.

148. productivity | 148. الإنتاجية

في الأراضي الزراعية، مقدار ما تغله الوحدة المساحية (الدونم أو الهكتار) من محصول زراعي معين. ويمكن مضاعفة الإنتاجية بأتباع أساليب متطورة وتوفير مستلزمات الأنتاج المناسبة.

149. osmosis | 149. انتشار عشوائي (تناضح)

التناضح، أو الازموزية، مصطلح يطلق على عملية سريان سائل ما وامتصاصه خلال غشاء شبه منفذ من محلول أقل تركيزاً الى محلول أخر أشد منه تركيزاً. وتمتص خلايا النبات الماء والمواد الغذائية الذائبة فيه على هذا النحو من خلال جدار الخلية.

150. enzyme | 150. إنزيم

مادة عضوية محفزة تفرزها خلايا حية وتساعد على تخمير المواد الغذائية.

151. run – off | 151. انسياب سطحي

مصطلح يطلق على كمية المياه الساقطة والمتجمعة من الأمطار، والثلوج الذائبة وغيرها، التي تتدفق من حوض استجماع معين، مارة بنقطة معينة خلال فترة زمنية محددة.

152. إنشاء (بناء)	152. construction

في الزراعة، نحتاج الى إقامة المباني والمنشآت التي تخدم الأنشطة والمتطلبات الزراعية ـ كالمخازن والصوامع والحظائر، وورش الصيانة، والمظلات ـ باستخدام مواد أولية كالأسمنت والحديد وغيرها.

153. أنيموجراف	153. anemograph

جهاز ذاتي الحركة، يقوم بتسجيل سرعة الرياح واتجاهها، على نحو مستمر (على ورق أو شريط ملفوف ـ ورق بياني عادة).

154. أنيموجرام	154. anemogram

مصطلح يطلق على ورق (شريط) التسجيل الذي تحصل عليه الأنيموجراف مسجلاً عليه سرعة الرياح اتجاهها.

155. أنيمومتر (مقياس الرياح)	155. anemometer

جهاز لقياس سرعة الرياح أو قوتها، ويكون من عدة أقداح نصف كروية مثبتة في نهايات أذرع متعامدة على بعضها البعض. تتلقى الاقداح الرياح بالتناوب فتدور حول محور راسي.

156. أتوكلاف	156. autoclave

وعاء محكم الغلق يستخدم لتسخين السوائل فيه تحت ضغط مرتفع فوق درجات الغليان. يستخدم للتعقيم في الصناعات الغذائية.

157. أوتوماتي (تلقائي)	157. automatic

مصطلح يطلق في تشغيل الآلات على أي جزء مكني مزود بترتيبة ذاتية الحركة تسمح له بعمل فعل معين في وقت محدد.

158. Ohm	158. أوم

وحدة قياس المقاومة الكهربائية، وهي مقدار المقاومة الكهربائية لمرور تيـار كهربـائي قـدره أمبـير واحد في دائرة كهربائية فرق الجهد بين قطبيها فولت واحد.

159. animal housing	159. إيواء الحيوانات

مصطلح يطلق على تهيئة أماكن مناسبة وتخصيصها كحظائر للحيوانـات، تـتوافر فيهـا تجهيـزات التغذية والتهوية والتدفئة (★).

إيواء الحيوانات Animal lousing

الشكل رقم (45) : حظيرة حديثة بها مهاجع ومعالف ومزودة بمعدات للتهوية

حرف الباء

160. barograph	160. باروجراف

جهاز لقياس الضغط الجوي وتسجيله تلقائياً، على نحو مستمر، على شريط من الورق، يشبه البارومتر المعدني.

161. barometer	161. بارومتر

جهاز لقياس الضغط الجوي المطلق. قد يكون زئبقياً أو معدنياً.

162. aneroid barometer	162. بارومتر معدني

بارومتر على هيئة علبة معدنية مخلخلة الهواء، رقيقة الجدار، تتقلص بأرتفاع الضغط الجوي، وتتمدد بانخفاضه، فتنتقل حركات التقلص والتمدد الى مؤشر يبين هذه التغييرات على تدريج.

163. petroleum	163. البترول

سائل زيتي القوام، سريع الاشتعال، له ولمشتقاته البترولية استخدامات متعددة في المجالات الزراعية، كوقود (بتزين، ديزل، كيروسين مثلاً) ومواد كيميائية لإنتاج المبيدات والمنظفات ومواد غنية بالبروتين لتغذية الحيوانات وغيرها.

164. bumd (ridge)	164. بتن (متن)

مصطلح يطلق على أي حافة بارزة من الأرض لحجز المياه أو توجيه مسارها ويصلح لتسطير البذور عليه (على الجانب في الغالب).

165. Plough bottom	165. بدن محراث

في المحراث القلاب، الجزء الذي يعمل على شق التربة تقليبها وتفتيتها. يتكون أساساً من السلاح والجناح القلاب (المطرحة)، والمسند، يجمعها معاً قطعة معدنية غير منتظمة الشكل تسمى " النسر- " (★).

166. Seeding (sowing)	166. البذر

في الزراعة، يطلق على العمليات التي تتناول نثر البذور أو الحبوب، وتسطيرها في نقر وصفوف وتغطيتها وكبسها.

167. aerial seeding	167. بذر جوي (بالطائرات)

أسلوب من أساليب الزراعية ببذر البذور أو الشتلات (الرز)، من الجو في المساحات الشاسعة ذات المواصفات الخاصة.

168. culvert (tunnel)	168. برنج

في الأراضي الزراعية، جزء مغطى من المجرى المائي، يصل عرضه إلى أربعة أمتار (أنبوب أو مستدير المقطع) يسمح بمرور المياه.

169. water lower	169. برج المياه (خزان)

خزان مياه علوي، يستخدم للاحتفاظ بالمياه وتوزيعها على نحو منتظم.

170. hail	170. بَرّد

قطرات الماء التي تسقط من السحب، في حالة المطر أو العواصف، متجمدة على هيئة حبيبات ثلجية قطرها 5 ملم – 5 سم.

171. clover (trefoil)	171. برسيم

اسم لحوالي 250 نوعاً من نباتات بقولية تنمـو في الحقـول، وتسـتخدم أساسـا كغـذاء للحيوانـات، وسماد أخضر لتخصيب التربة (بمعدل 23 كغم لكل 1 كم مربع من الأرض).

بدن المحراث plough bottom

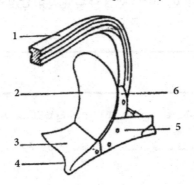

الشكل رقم (46) : رسم تخطيطي يبين مكونات بدن المحراث

7. الحافة القاطعة (الشفرة)	1. القصبة
8. المسنن	2. المطرحة
9. النسل	3. السلاح

172. proteins	172. البروتينات

في التغذية، مصطلح يطلق على مجموعة مركبات نتروجينية معقدة التركيب، يـدخل في عـدادها بعض أهم مكونات الخلايا النباتية والحيوانية.

173. soil profile	173. بروفايل التربة

شكل المقطع الرأسي في التربة الذي يبين تسلسل وقوام ومكونات طبقاتها في موقع مـا ابتـداءً مـن سطحها.

174. river profile	174. بروفايل النهر

شكل المقطع الطولي في مجرى النهر ابتداء من النبع إلى المصب.

175. soil auger (soil sampler)	175. برِيمة استخلاص عينات

جهاز يتكون من عمود حلزوني (بريمي) يدفع في التربة، يدوياً أو أليا، في اتجاه عمودي على سطحها لأخذ عينات.

176. ○Pasteurization	176. بَستَرة

في الصناعات الغذائية، معالجة الأغذية حرارياً (باستخدام ماء ساخن أو بخار الماء) لمنعها من التخمر أو التلوث البكتيري، مثل بسترة الألبان بحيث لا يحدث فيها تغير ملحوظ في الطعم والقيمة الغذائية.

177. pea	177. البسلة (البازلا)

نبات يزرع كغذاء للإنسان، كما يزرع مع الشوفان لتغذية حيوانات المزرعة على نحو مباشر أو تجفيفها أو عمل سايلج منها.

178. battery	178. بطارية

في الجرارات الزراعية والمركبات الأخرى، مجموعة تتكون من خليتين كيميائيتين، أو أكثر، متصلة بعضها ببعض لتوليد التيار الكهربائي وتحويل الطاقة الكيميائية إلى طاقة كهربائية (★).

179. بطاطا — 179. potato

من أهم المحاصيل الخضرية، تزرع في معظم البلدان التي تتميز بالدفء واعتدال المناخ، وتستخدم لتغذية الإنسان. توسعت زراعة البطاطا بعد دخول المكننة الزراعية في انجاز العمليات الخاصة بتحضير التربة والغرز والحصاد والفرز والتدريج.

180. بطاقة ترقيم — 180. Identification eartag

بطاقة خاصة لترقيم وتمييز الماشية وغيرها من حيوانات المزرعة، تصنع من جزأين، من اللدائن (البلاستك) عادة، وبألوان سهلة التمييز، تطبع عليها البيانات اللازمة، ثم توصلان ببعضهما البعض خلال الأذن لإغراض تصنيف الحيوانات (★).

181. بقايا المحصول — 181. trash

الأجزاء المتبقية من المحصول بعد حصاده أو قطفه، أو حشه. تتكون من الأوراق والأغصان عادة.

بطارية battery

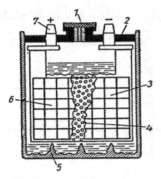

الشكل رقم (47) : بطارية اختزانية

1. سداسة فتحة الملء، وبها ثقب تنفيس
2. مانع تسرب
3. ألواح سالبة
4. فاصل
5. صندوق البطارية
6. ألواح موجبة
7. طرف التوصيل (اصبع البطارية).

بطاقة ترقيم identification eartag

الشكل رقم (48) : بطاقة ترقيم معلقة بأذن البقرة

182. beans	بقول .182

أقدم النباتات التي عرفها الإنسان، تزرع كغذاء للإنسان، وعلف للحيوان، وسماد أخضر للأرض (إذ تعيش البكتريا على جذورها، وتنتج النتروجين الذي يتبقى منه جزء كبير في التربة، ومن ثم فَلَهَا دور هام في نظام تعاقب المحاصيل، وبالتالي فإنه يوصي بزراعة محاصيل حبية بعد البقول).

183. bacteria	بكتريا .183

كائنات حية دقيقة (مجهرية) وحيدة الخلية، وتعد من عالم النبات ولو أنها لا تحتوي على أي كلوروفيل. تتكاثر بمعدل هائل بالانقسام البسيط للخلية. ويسبب بعض أنواعها عدوى وأمراضاً خطيرة، ولأنواع أخرى منها فوائد عديدة كتفتيت المواد الميتة، والاحتفاظ بنتروجين الهواء وتحويله الى مواد مفيدة.

184. pulley	بكرة .184

عنصر مكني بسيط يستعمل في نقل الحركة الدورانية بالسيور، وفي رفع الأحمال وهي في أبسط صورها عجلة تدور حول محور ثابت يمر بمركزها.

185. Pyconometer	185. بكنومتر

في قياسات التربة، جهاز يستخدم لقياس الكثافة النسبية (الوزن النوعي) للتربة، ويُمَكِّن من حساب محتواها من الرطوبة.

186. planimeter	186. بلانيمتر

جهاز لقياس المساحات من واقع الخرائط، بتمرير مؤشر على محيط (كنتور) القطعة المطلوب قياسها.

187. polder	187. البَلْدرّ

في الأراضي المنخفضة، مصطلح يطلق على الأرض المستصلحة من بحر أو بحيرة، يحيط بها سياج يعمل بمثابة سد حاجز ويجري الاستصلاح أساساً بإنشاء نظام جيد للصرف.

188. bulldozer	188. بلدوزر (جرافة)

جرار مزود في مقدمته بترتيبة ذات سلاح جارف لتحريك التربة وردم الحفر ويسير البلدوزر على سرفة أو عجلات (★).

189. Stumper	189. بلدوزر استئصال

نوع من البلدوزرات به ترتيبة ذات مخالب لنزع جذوع الاشجار من مراقدها ورفعها لنقلها من مواضعها (★).

190. angle dozer	190. بلدوزر جاروف مائل

بلدوزر يتخذ جاروفه (سلاحه) وضعاً مائلاً على اتجاه محوره الطولي، بحيث يجرف التربة أمامه ويزيح بعضها إلى الجنب.

191. Side- dozer	191. بلدوزر ردم

بلدوزر سلاحه مائل بزاوية محددة، يستخدم في ردم القنوات المكشوفة.

بلدوزر buldozer

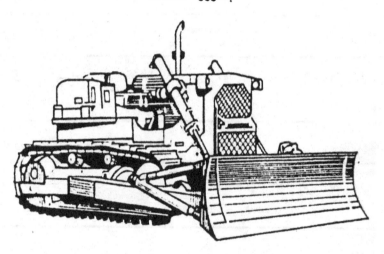

الشكل رقم (49) : منظر عام لأحد البلدوزرات

بلدوزر استئصال stumper (treedozer)

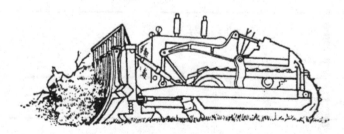

الشكل رقم (50) : اقتلاع جذع شجرة بوساطة بلدوزر استئصال

---

192. Coffee | **192. البن**

أحد المحاصيل المهمة اقتصاديا، شجرة دائمة الخضرة، يصل ارتفاعها بدون تقليم إلى 9 م، غير أنه تُقلم الى ارتفاع 1,8 م لتسهيل قطف ثمارها يدوياً. يتطلب البن مناخاً دافئاً رطباً وأمطاراً بمعدل 1000 – 1900 ملم سنوياً. أشهر مناطقه اليمن والبرازيل والمكسيك وجزر الهند الغربية وإفريقيا واندونيسيا.

---

193. Sugar beet | **193. بنجر السكر**

المصدر الثاني للسكر، بعد قصب السكر. يستخلص السكر من جذوره التي يمثل محتواها منه (13 – 22%)، بينما تؤكل أوراقه كخضراوات (بعد طحنها)، أما مخلفات المصانع (بعد استخلاص السكر) فتستخدم كعلف للحيوانات.

---

194. fodder beet | **194. بنجر العلف**

محصول جذري يستخدم في الغالب كغذاء للحيوانات في فصل الشتاء. يشبه الى حد بعيد بنجر السكر.

---

195. gate | **195. بوابة**

حاجز يقام عبر المجرى المائي، ويمكن تحريكه جزئياً بالرفع أو الخفض، لتنظيم المياه.

---

196. cheek | **196. بوابة ضبط**

في منشآت الري وسيلة لتنظيم تدفق المياه في الترع والقنوات، والتحكم في توزيعها من خلال ألواح منزلقة توجه ضبط الجريان.

---

197. botash | **197. بوتاس**

كربونات البوتاسيوم. من المخصبات الأساسية (الأسمدة). يوجد بنسب متفاوتة في جميع أنواع الترب. يساعد النباتات على تكوين الكربوهيدرات.

| 198. potassium | 198. البوتاسيوم |

عنصر فلزي تستخدم بعض مركباته كمخصبات، وهـو عنصرـ ضروري لتركيب الأحمـاض الأمينيـة، ولا تنمو النباتات في غيابه.

| 199. boron | 199. البورون |

عنصر لا فلزي، مهم في البساتين لانقسام الخلايا ونمـو اللحـاء في الأشـجار ونقـل بعض الهرمونـات النباتية. مصدره سماد البورات.

| 200. pump well | 200. بَيّارة المضخة |

غرفة (حيز) يتجمع فيها الماء قبل دخوله أنبوبة المص بالمضخة.

| 201. greenhouse | 201. بيت استنبات |

مبنى خاص لإنبات النباتات البستانية. فيه ظروف مناخية خاصة أو حماية ملائمة. قد تكون هـذه البيوت مصنوعة من الزجاج أو البلاستك أو الخشب. وقد تكون سقوفها ذات هيكـل جمالـي ثم تكسـا بالقماش أو بأغطية من البلاستك. فيها إمكانية لضبط درجة الحرارة.

| 202. pedology | 202. البيدولوجيا |

علم يتناول دراسة التربة من حيث طبيعتها وإنتاجيتها وعلاقتها بالبيئة.

| 203. well | 203. بئر |

تقسم الآبار من حيث عمق المياه وطبيعة تكونها إلى آبار سطحية وآبار عميقـة لاستخراج الميـاه الجوفية المتجمعة في طبقات الرمل والحصى على اعماق كبيرة. كما تقسـم مـن حيـث الاستخدام إلى آبـار شرب، وآبار ري، وآبار صرف (لصرف مياه البرك والمستنقعات والصرف الصحي) (★).

204. بئر ارتوازية | **204. artesian well**

بئر عميقة قد يصل عمقها الى مئات الأمتار، يندفع منها الماء الى السطح بفعل ضغطه الطبيعي. تستخدم أحياناً كمصدر لمياه الري (★).

205. بيئة | **205. environment**

في الزراعة، الوسط الذي فيه تستنبت البذور وتنمو النباتات لتوافر عوامل رئيسية هي: التربة الصالحة، والغذاء المناسب، ووفرة المياه والأوكسجين، ودرجة الحرارة المناسبة والبذور ذات الحيوية.

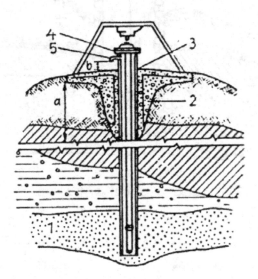

الشكل رقم (51) : بئر محفورة ومحمية

1. المياه
2. خرسانة مسلحة
3. مانع تسرب اسفلتي
4. حشية
5. فتحة تنفيس مغطاة، ويمكن إضافة الكلور منها

a. لا يقل الارتفاع عن 3 متر
b. حوالي 50 سنتيميتر

بئر

well

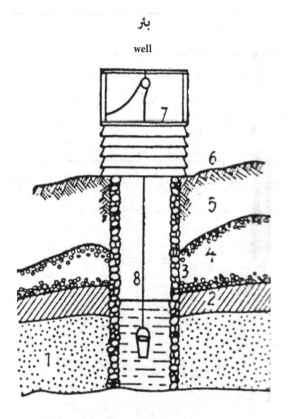

الشكل رقم (52) : بئر غير محمية

1. المياه
2. طبقة صخرية
3. جدران منفذة للمياه
4. رمل وحصى
5. الطبقة السطحية من التربة
6. صرف سطحي إلى البئر
7. قمة مكشوفة غير محمية من الحشرات، أو الأتربة، أو غيرها.
8. حبل ودلو (مصدران دائمان لتلوث المياه)

بئر ارتوازية artesian well

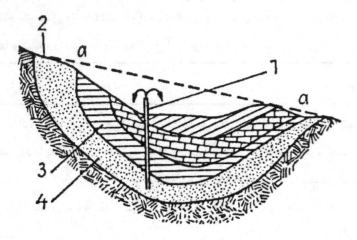

الشكل رقم (53) : تكون البئر الارتوازية

1. البئر
2. مدخل المياه إلى الطبقات التحتية
3. طبقة غير منفذة
4. طبقة رملية حاملة للمياه
5. طبقة صخرية غير منفذة

a – a. المستوى الذي يرتفع إليه الماء لو بنيت البئر حتى تبلغه

حرف التاء

206. erosion	206. تآكل (تعرية)

مصطلح عام يطلق على التفتيت أو النحت الذي يحدث في التربة أو سطح الأرض أو المنشات المائية أو غيرها ويتسبب في تدميرها، بسبب الرياح أو الأمواج أو المياه (السيول) أو غيرها.

207. soil erosion	207. تآكل التربة

في التربة الزراعية، تفتّت أو تعرية تحدث في الغالب بفعل الإنسان نتيجة سوء أدارته للمزارع أو الأراضي الزراعية، وتبدأ بتلف الطبقة الخضراء أو التي تغطي سطحها على نحو طبيعي. فعند قطع الأشجار أو اقتلاع الحشائش تبدأ التعرية فتقل الخصوبة لعدم وجود الغطاء الأخضر ـــ مصدر الدبال، فتفقد التربة قدرتها على امتصاص الماء وتفقد جسيماتها قدرتها على التماسك فتكون عرضة للانهيار بسبب الرياح أو السيول المائية.

208. tachometer	208. تاكومتر

جهاز لقياس سرعة الدوران ببيان عدد اللفات في وحدة الزمن في المعدات.

209. bordering	209. تبتين (تمتين)

عمل بتون (متون أو حدود في الارض)، وذلك بآلات يدوية أو آلية.

210. transpiration	210. تبخر

التبخر نوعان في المياه وتحولها من الحالة السائلة إلى بخار الماء، وفي المواد عامة بتحول المادة من الحالة السائلة الى الحالة الغازية.

211. evapo – transporation	211. التبخر الكلي

في التربة، مصطلح يطلق على مجموع الفقد في مياه التربة نتيجة التبخر من سطحها والنتح الحادث من نباتاتها، والذي يعود الى الجو ليدخل من جديد في الدورة الهيدروجينية (الدورة المائية).

212. vaporization	212. تبخير

التبخير نوعان في السوائل عموماً عندما يتحول السائل الى بخاره عن طريق الغليان، وفي الصناعات الغذائية عند إجراء عملية التركيز للمحاصيل بتبخير المذيب منها.

213. refrigeration	213. تبريد

عملية تبريد الحرارة من جسم ما، وتخفيض درجة حرارته الى حد معين يمكن ضبطه والتحكم به. ويجري التبريد بنظامين التبريد بالضغط، أو التبريد بالامتصاص. وفي كليهما تقوم مادة التبريد بامتصاص الحرارة متحولة الى بخار، ثم يكثف هذا البخار مبدداً الحرارة الممتصة. ومن مواد التبريد الامونيا والفريون. التبريد مهم في الصناعات الغذائية (★).

214. cooling	214. تبريد

في محركات الاحتراق الداخلي يتم التبريد بالماء أو الهواء بجعل الحرارة 70 – 90°م بعد أن كانت (داخل المحرك) حوالي 2000 م°.

215. lining (canal lining)	215. تبطين القنوات

في القنوات المائية، مصطلح يطلق على تكسية قاع المجرى بطبقة من الطوب أو الخرسانة أو الاحجار أو الاخشاب للتقليل من النحت والحك الذي يسببه جريان الماء وتقليل الفقد نتيجة النز أو الترشح أو التسرب.

216. tobacco	216. تبغ

نبات عريض الأوراق ارتفاعه 1 – 1,8 م تمضغ أوراقه أو تحول لسجاير ليدخن أو يستنشق.

217. tibben (crushed staw)	217. تبن

مصطلح يطلق على القش المقطوع. يستخدم لتغذية الحيوانات.

تبريد   reirigeration

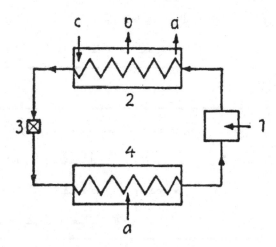

الشكل رقم (54) : رسم تخطيطي لدورة تبريد بالأمونيا

1. ضغاط (كمبرسور)	a. الحرارة الممتصة
2. مكثف	b. الحرارة المبددة
3. صمام التمدد	c. مدخل المياه
4. غرفة التبريد	d. مخرج المياه

تبريد coaling

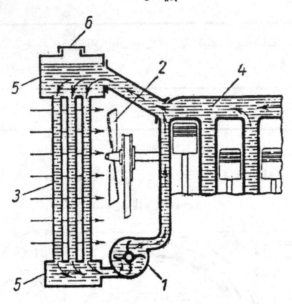

الشكل رقم (55) : دورة التبريد في محرك احتراق داخلي يبرد بالماء

4. قميص المياه بالمحرك	1. مضخة مياه
5. خزان المشع	2. مروحة تهوية
6. فتحة الملء	3. زعانف المشع

---

218. baling   **218. تبييل (صناعة البالات)**

مصطلح يطلق على تجهيز بعض المحاصيل أو مخلفاتها على شكل بالات، تكبس في كميات منتظمة إلى أحجام متساوية ذات شكل معين (مكعبات أو متوازي المستطيلات أو اسطوانات)، ثم ربطها لنقلها وتداولها أو تخزينها.

---

219. nitrogen fixation   **219. تثبيت النتروجين**

عملية استخلاص النتروجين من الهواء الجوي وتثبيته بالتربة بمساعدة البكتريا الموجودة على جذور (عقد) المحاصيل البقولية.

220. water ballast	220. تثقيل بالماء

في الجرارات الزراعية، وضع الماء داخل أطار الجرار لتثقيلها وزيادة التصاقها بالأرض وضغطها النوعي عليها (★).

221. Desiccation (drying)	221. تجفيف (جفاف)

التجفيف نوعان، أولهما: تجفيف المواد الغذائية بالطرق الطبيعية (الشمس والهواء) أو اصطناعية باستخدام الأفران. أما الثاني: فهو الجفاف الذي يصيب التربة نتيجة قلة المياه (أو قلة الإمطار).

تثقيل بالماء water ballast

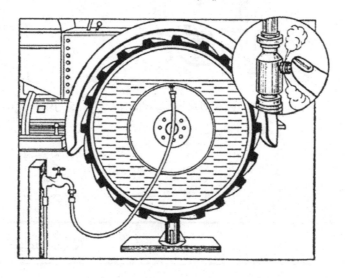

الشكل رقم (56) : ملء الإطارين الخلفيين بالمياه

222. freezing	222. التجميد

في تصنيع الأغذية، تخفض درجة حرارة المواد الغذائية الى ما تحت الصفر المئوي لحفظها من التلف.

223. crop preparation | **223. تجهيز المحاصيل**

عمليـة إعـداد المحاصيل للاسـتهلاك والتسـويق والتخـزين، ومنهـا الـدراس والتذريـة والتفـريط والتنظيف والتدريج والفرز.

224. liming of soil | **224. تجيير التربة**

عملية إضافة الجير للتربة الزراعية لتحسين خواصها.

225. soil improvement | **225. تحسين التربة**

مصطلح يطلق على العمليـات التـي تجُرى لتحسـين الخـواص الميكانيكيـة والكيميائيـة والحيويـة للتربة، كاستخدام غسـل الأراضي الملحيـة أو إضـافة الجـبس لـلأراضي القلويـة، أو الطـين والمـواد العضـوية للأراضي الرملية، يتلو ذلك زراعة المحاصيل المناسبة لتحسين هذه الخواص. وعنـد اسـتجابة التربـة للزراعـة تُعد دورة زراعية ملائمة لزيادة إنتاجيتها .

226. priming a pump | **226. تحضير المضخة**

وهي عملية إخراج الهواء من أنبوبة السحب وإحلال السائل (الماء في مضخة الميـاه، والوقـود في مضخة الوقود) محله قبل إدارة المضخة.

227. remote control | **227. التحكم عن بعد**

التحكم في تشغيل ومتابعة الأجهزة والمنشآت والمعدات بنظام راديوي من مكان بعيد عن موقعها، كما هي الحال في محطات توليد القوى الكهربائية ومحطات الضخ والقناطر وغيرها.

228. plant control | **228. التحكم النباتي**

مصطلح يطلق أحياناً على إنتاج بعض النباتات (الخُضر والأزهار) في بيوت زجاجية أو بلاستيكية أو تحت غطاء واقٍ.

229. desalination	229. تحلية المياه

في مياه البحر، إنتاج المياه العذبة الصالحة للشرب وبعض الإغراض الأخرى كالزراعة (على نطاق محدود)، وذلك بتقطير مياه البحر المالحة ثم إضافة بعض العناصر بنسب معينة إليها.

230. soil analysis	230. تحليل التربة

اختبارات ميكانيكية معينة على عينة محددة من التربة لتحديد مكوناتها ومقاسات ونسب الجسيمات المختلفة في هذه العينة، بهدف تصنيف التربة موضوع البحث ومعرفة خصائصها.

231. sieve analysis	231. تحليل بالمنخل

في المواد الحبيبية وتُصنف المقاسات المختلفة من المادة ويُعين عدد الحبيبات من كل مقاس منها، عن طريق تمريرها في مجموعة من المناخل المتتالية التي يتناقص اتساع ثقوبها تدريجيا (★).

232. grain storage	232. تخزين الحبوب

تمر الحبوب في تخزينها بسلسلة من العمليات المتعاقبة التي تتناول تلقي الحبوب وتنظيفها وفرزها وتدريجها، وتجفيفها وتدخينها لوقايتها من الآفات، ونقلها إلى الصوامع (السايلوات).

233. fertilization	233. تخصيب (تسميد)

في التربة، نعمد إلى تحسين خصائصها وقابليتها الإنتاجية بإضافة المخصبات العضوية وغير العضوية، مع تنظيم الري والصرف فيها ومقاومة الأدغال وتحسين التهوية.

234. insemination	234. تخصيب (تلقيح)

1. في الحيوان، عملية تجرى لاتحاد الخلايا الجنسية المتخصصة بهدف التكاثر.
2. في النبات، عملية تكاثر فيها يتم الاتصال بين أعضاء التذكير (حبوب اللقاح) وأعضاء التأنيث وذلك بفعل الرياح أو الحشرات أو يدوياً أو آلياً (تلقيح النخيل).

235. تخصيب اصطناعي | **235. artificial insemination**

في الإنتاج الحيواني، عملية نقل الخلية الذكرية من الذكر ووضعها في الجهاز التناسلي للأنثى، من دون التقاء مباشر بينهما، باستخدام أجهزة تلقيح اصطناعي خاصة.

236. تخطيط (تبتين = تمتين) | **236. ridging**

تكوين خطوط (متون) منتظمة في الأراضي المحروثة باستخدام الفجّاجات التي لها أبدان لفجّ التربة على الجهتين اليمنى واليسرى.

237. التخلُّج | **237. frost heave**

مصطلح يطلق على انتفاخ التربة بفعل الصقيع نتيجة لتمدد المياه الموجودة فيها، عندما تتجمد، فالثلج يتمدد عند تجمده، ويباعد بين جسيمات التربة فيزيد من حيز الفراغات بها. ويسحب مزيداً من المياه القريبة من أسفل إلى أعلى، بفعل الخاصية الشعرية.

238. تخلخل | **238. vacuum**

عندما يكون الضغط اقل من الضغط الجوي يحدث تخلخل أو تفريغ.

239. تخليق ضوئي (تمثيل ضوئي) | **239. photosynthesis**

في النبات، عملية فيها يتم تكوين الكربوهيدرات في اوراق النبات الخضراء من الماء وثاني أوكسيد الكربون بتأثير ضوء الشمس على مادة الكلوروفيل.

240. تخليل | **240. pickling**

في المنتجات الزراعية النباتية، كالخيار واللهانة والبصل والبنجر، وضع المنتج في مزيج من الخل والملح في درجة تركيز معينة، فيوقف المزيج أو يحد من عملية التأكسد في التنفس ويسمح باستمرار علية التخمر.

241. fermentation | **241. تخمر**

في الصناعات الغذائية، تغيير كيميائي يحدث في المواد التي تحتوي السكر أو النشا بفعل البكتريا أو الفطريات.

242. fumigation | **242. تدخين**

في مكافحة الآفات الزراعية، أسلوب لتطهير الحقول باستخدام مواد كيميائية تصدر دخاناً يقضي على الحشرات المسببة للآفات وهي لا تزال في التربة قبل أن تتاح لها فرصة لالتهام جذور النباتات. وقد تجري عملية التدخين بحرق مخلفات الطيور الداجنة (★).

243. Fahrenheit scale | **243. التدريج الفهرنهيتي**

تدريج لقياس درجات الحرارة، فيه تعتبر نقطة تجمد الماء 32°، ونقطة غليانه 212° والعلاقة بين الدرجة الفهرنهيتية (ف) والدرجة المئوية (م) هي 1° ف $= \frac{9}{5}$ م° +32.

244. Celsius scale | **244. التدريج المئوي**

تدريج لقياس درجات الحرارة، فيه تعتبر نقطة تجمد الماء درجة الصفر، ونقطة غليانه 100° م.

245. subsurface flow | **245. تدفق تحت السطح**

في التربة، تغلغل كمية صغيرة من مياه الأمطار المنهمرة وسريانها تحت سطح التربة لتصب في المجاري المائية.

246. return flow | **246. التدفق المرتد**

في المجاري والقنوات المائية، الجزء من المياه المستخدمة للري الذي يزيد عن حاجة الأرض والمزروعات يعود الى المجرى.

تحليل بالمنخل sieve analysis

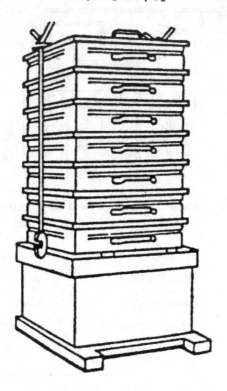

الشكل رقم (57) : وحدة مناخل تحليل

تدخين fumigation

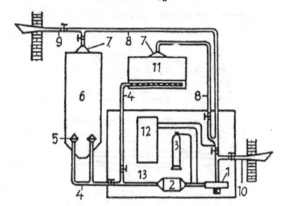

الشكل رقم (58) : وحدة تدخين من الأنواع المستخدمة في مخازن الغلال

1. نافخة
2. وعاء تمدد
3. أسطوانة غاز التدخين
4. أنابيب ضغط عال
5. فوهة الغاز
6. خلية تدخين
7. غطاء العادم
8. أنابيب الشفط
9. مخرج الغاز العادم
10. مدخل الهواء الطازج
11. غرفة تدخين الأكياس (الأجولة).
12. مبين كمية الغاز
13. غرفة الأجهزة

247. ترذيذ (عمل رذاذ) — 247. atomizing

في عمليات الرش بالسوائل، تجزئة السائل الى حبيبات دقيقة (رذاذ)، تجري بدفع السائل أو حقنه في تيار هوائي خلال فوهة ضيقة فيختلط بالهواء على هيئة رذاذ.

248. تذرية — 248. winnowing

في حصاد المحاصيل، عملية تجري لفصل الحبوب عن السنابل أو القشور أو القش(التبن)، وقد يلي ذلك غربلة الحبوب وتدريجها (★).

249. wind separation	249. تذرية بالرياح

تذرية تجري يدوياً بمذراة مع الاستفادة من الرياح أو تيارات الهواء.

250. soil	250. التربة

مجموعة القشرة الأرضية ومكوناتها من رمل وطين وغرين وحصى ومواد أخرى، ابتداء من السطح الى القاع الصخري.

251. subsoil	251. التربة التحتية

طبقة التربة التي تلي الطبقة السطحية (طبقة الحراثة).

252.acid soil	252. تربة حمضية

تربة قيمة الأس الهيدروجيني لها اقل من 5,5% وبالتالي فهي تحتوي نسبة قليلة من الأيونات القاعدية كايونات البوتاسيوم والفسفور وهي أساسية في تغذية النبات وهذا يوجب إضافتها لتحسين التربة.

253. alluvial soil	253. تربة رسوبية نهرية

تربة تحتوي على حبيبات دقيقة من مواد صخرية يرسبها النهر، وتكسبها محتوياتها المعدنية قيمة عالية من الناحية الزراعية.

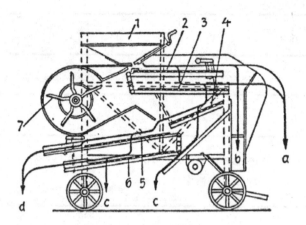

الشكل رقم (59) : أحد طرازات آلة التذرية

a، b. شوائب كبيرة الحجم   2، 3. غربال علوي

c. شوائب صغيرة الحجم   4. الغربال الأوسط

d. حبوب نظيفة   5، 6. غربال سفلي

1. قادوس تلقيم   7. مروحة

تذرية winnowing (grain cleaning)

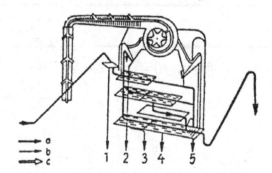

الشكل رقم (60) : رسم تخطيطي لعملية التذرية

a. المسار الرئيسي   2. شوائب متوسطة الحجم

b. مسار الشوائب   3. شوائب صغيرة الحجم

c. مسار الهواء   4، 5. شوائب مع حبوب مكسرة دقيقة الحجم

1. شوائب كبيرة الحجم   6. حبوب نظيفة

254. agricultural soil	254. التربة الزراعية

الطبقة السطحية من الأرض التي تصلح لزراعة النباتات وإنمائها، تتكون من حبيبات ومواد عضوية ومعدنية تحصر بينها فراغات يتخللها الهواء والماء وفيها كائنات مجهرية.

255. top soil	255. التربة الفوقية

سطح التربة أو جزؤها الأعلى الذي تستمد منه النباتات غذائها، لما تحتويه من مواد سمادية (دبال). سمكها عادة 15 سم، وقد يزيد عن ذلك في بعض الترب.

256. alkali soil	256. تربة قلوية

تربة تزيد فيها قيمة الأس الهيدروجيني لها على 7، فيها تغلب أملاح الكالسيوم والصوديوم القاعدية التي تتناسب كمياتها تناسباً عكسياً مع مقدار التهطل من مياه الأمطار التي تعمل على غسلها من التربة. تعد هذه التربة غنية بالعناصر الغذائية للنبات، غير أن نقص المياه فيها يحد من نمو المزروعات وتتحسن بتحسن الري والصرف.

257. saline soil	257. تربة ملحية

تربة تحتوي على نسبة كبيرة من الأملاح. يغلب وجودها في المناطق التي يحدث فيها التبخر بمعدلات سريعة، كالصحاري مثلاً. وسرعان ما تجف على سطحها طبقة(قشرة) صلبة. تتطلب لإصلاحها وتحسينها نظاماً جيداً للري والغسل والصرف.

258. marly soil	258. تربة مرلية ,

تربة تحتوي على طين غني بكربونات الكالسيوم ويستخدم كسماد للأرض.

259. breeding	259. تربية تنشئة

في الإنتاج الزراعي، مصطلح يطلق على تنشئة الحيوانات، أو إنبات المزروعات ومتابعتها بقصد تحسين نوعيتها.

260. fish breeding	260. تربية الأسماك

سلسلة من العمليات تتناول إنماء الثروة السمكية، وتشمل تخصيب بيض الأسماك وفقسه، ونقل الفقس إلى مزارع (بحيرات) التربية، وتغذية الأسماك الصغيرة وتنميتها وتسويقها طازجة أو تصنيعها.

261. animal breeding	261. تربية الحيوانات وتحسينها

في الزراعة، إنتاج أنواع من الحيوانات الداجنة تفي بالاحتياجات وطلبات السوق وتتميز بمقدرتها على الإنتاج في كل الظروف والاستفادة منها لتصنيع منتجات حيوانية محسنة.

262. poultry farming	262. تربية الدواجن

سلسلة من العمليات تتناول تنمية الثروة من الطيور الداجنة، وتشمل التخصيب، وجمع البيض وفقسه وتغذية الكتاكيت ورعايتها وتحصينها وعزل المصاب منها حتى تسويقها.

263. floriculture	263. تربية الزهور

فرع من فروع الزراعة يختص بزراعة الزهور وإنمائها وتسويقها.

264. lives lock	264. تربية الماشية

تشمل تربية الأبقار والجاموس أساسا للاستفادة من لحومها وألبانها وإنتاجها الحيواني عموماً. وتشمل التربية للتسمين والتربية لإنتاج الألبان وتربية للتهجين والتحسين، وتربية للتشغيل في الفلاحة.

265. beekeeping	265. تربية النحل

سلسلة من العمليات تتناول تنشئة النحل ومتابعته ورعايته في المراحل المختلفة، وهي تشمل تثبيت الورق المشمع على الإطارات الخشبية التي ستشكل عليها الخلايا، وتدخين الخلايا وتغذية النحل بمحاليل السكر شتاءاً وإبادة الطفيليات واستخراج العسل وما الى ذلك (★).

266. sericulture	266. تربية دود القز

في إنتاج الحرير الطبيعي، سلسلة من العمليات تتناول تنشئة دود القز ابتداءً من جمع بيضه وتخزينه في درجات الحرارة المناسبة واستخدام الحضانات لفقسه، وتغذية الديدان النامية، وتهوية مباني التربية وترطيبها، وما الى ذلك.

تربية النحل   beekeeping

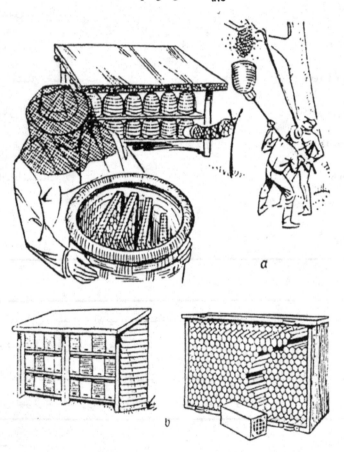

الشكل رقم (61) : خلايا النحل

a. خلايا طبيعية   b. خلايا اصطناعية

267. ترس (مسنن)	267. gear

عنصر مكني يستعمل في نقل الحركة الدورانية أو تحويلها الى حركة مستقيمة لمسافات قصيرة. وهو في أبسط صورة عجلة مسننة، أسنانها ذوات أشكال خاصة. ولهذا الترس عدة إشكال:

1. مجموعة مسننات (ترسين أو أكثر) لنقل الحركة — . gear assembly1

2. ترس السرعة الصغرى — bottom ،. gear2

3. صندوق مسننات — . gear box3

4. تغيير السرعة — . gear change4

5. ذراع مسنن تغيير السرعة — . gear change lever5

6. مسنن التعشيق الثابت — . gear constant mesh6

7. ترس فرقي (تفاضلي) — . gear differential7

8. ادارة بالمسننات — . gear driven8

9. معشق — . geared9

10. تعشيق — . gearing10

268. ترسيب	268. sedimentation

1. في المجاري والقنوات المائية، مصطلح يطلق على انفصال التربة أو الحبيبات المعدنية، وهبوطها إلى قاع الماء لتترسب هناك.

2. في الصناعات الغذائية، مصطلح يطلق على انفصال المواد الصلبة العالقة بسائل ما، وهبوطها الى قعر الوعاء الحاوي للخليط، تمهيداً لترشيح السائل وتنقيته.

269. ترطيب	269. humidification

في تكييف الهواء يرش الماء في تيار الهواء الساري لزيادة نسبة الرطوبة فيه.

270. ترعة (قناة) **270. canal**

في الزراعة والري، مجرى لنقل الماء من مصادره الى الحقل بترع رئيسة (main canal)، وفرعية (lateral canal).

271. الترميل **271. sanding**

في أعمال الري، ترسب الرمل وتراكمه على قاع المجرى المائي وجوانبه.

272. ترويق **272. clarification**

في تنقية المياه، عملية إزالة العكارة والشوائب من الماء بالترسيب.. يمكن تعجيل الترويق باستخدام مواد كيميائية (الشب).

273. التزايد **273. aceration**

في مجاري الأنهار. عملية تزايد الطمى والرمل وسائر الرواسب النهرية وتراكمها بقاع المجرى المائي وجوانبه نتيجة لتدفق الماء فيه.

274. تزحيف (تدحرج) **274. rolling**

في الأرض الزراعية المحروثة، مصطلح يطلق على عمليات تفتيت الكتل الترابية وسحقها وكبس التربة ودمجها تحدث عملية تزحيف التربة السطحية من مكان إلى آخر.

275. تزليق (تزييت) **275. lubrication**

أو تشحيم، وضع مادة ذات خصائص لزوجة معينة بين سطح الاحتكاك للعناصر المكنية التي بينها حركة لمنع أو تقليل التلامس المباشر، وذلك لتقليل التآكل بين سطوحها.

276. تسخين التربة **276. soil heating**

رفع درجة حرارة التربة (بالكهرباء أو بخار الماء) لتهيئة جو مناسب لنباتات معينة.

277. percolation	277. تسرب

حركة المياه وجريانها داخل التربة بعد نفاذها من سطحها. وقد تتسرب بعض المياه الجوفية خـلال التربة، وبالعكس لتظهر على السطح.

278. terracing	278. تسطيب (عمل مساطب)

في الزراعة، مصطلح يطلق على تسوية وتدريج الأراضي المنحـدرة، كـالتلال والمنحـدرات، لتصبـح على هيئة سلسلة من المساطب المستوية، مع إحـداث ميـل بسـيط فيهـا حتـى يمكن للميـاه أن تتخللهـا بالراحة. يساعد التسطيب على إبطاء جريان المياه وتقليل الفاقد في التربة.

279. drill seeding	279. تسطير البذور

حالة إنزال البذور في التربة في نقر أو تجاويف أو أخاديد تقـوم بحفرهـا آلـة خاصـة (باذرة) علـى أبعاد منتظمة ثم تغطيتها (★).

280. precision drilling	280. تسطير دقيق

أسلوب من أساليب البذار، فيه توضع البذور بدقة علـى إبعـاد متساوية ومحددة، في صفوف منتظمة متساوية البعد عن بعضها (★).

تسطير البذور drill seeding (drilling)

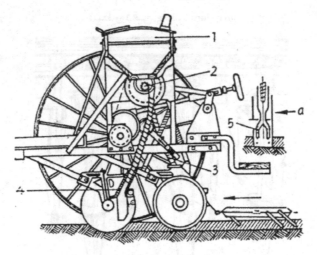

الشكل رقم (62) : قطاع في آلة تسطير البذور

1. صندوق البذور
2. ترتيبة التلقيم
3. أنبوب البذر
4. فجاج
5. قمع البذر

الشكل رقم (63) : أنبوب بذر فجاج قرصي

تسطير دقيق precision drilling

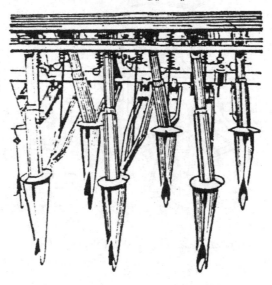

الشكل رقم (64) : أنبوب بذر بفجاج قمعي (حفار)

---

281. food poisoning | .281 تسمم غذائي

حالة تصيب الإنسان أو الحيوان نتيجة تلوث بكتيري يحدث للطعام أو للشراب الـذي يتناولـه، ويحدث التسمم نتيجة تلوث الغذاء بمـواد كيميائيـة كالمبيـدات الحشريـة أو إصباغ المـواد الغذائيـة غـير الصحية. من أهم أعراضه التقيؤ والمغص المعوي والإسهال. ويحدث ذلك عـادة بعـد 4 – 24 سـاعة مـن تناول الغذاء المسمّم.

---

282. manuring | .282 تسميد بالأسمدة العضوية

إضافة مادة عضوية الى التربة لتحسين خصوبتها وتكوين الدبال فيها.

---

283. Arial fertilizing | .283 تسميد جوي (بالطائرات)

أسلوب ترش فيه الأسمدة على الأراضي الزراعية من الجو بواسطة الطائرات.

284. fattening 284. تسمين

في الإنتاج الحيواني، مصطلح يطلق على تربية الحيوانات (الماشية) وتغذيتها من أجل لحومها وألبانها. يجري التسمين في المراعي الطبيعية أو الاصطناعية، أو بدون مراع أحياناً.

285. التسوية **leveling:**

في الأراضي الزراعية، تزحيف سطح التربة وتعديله ليكون أقرب ما يكون إلى الاستواء. تساعد التسوية على تنظيم توزيع مياه الري، ومنع ارتفاع منسوب الماء الأراضي، وتجري بمعدات بسيطة تجرها الحيوانات أو بمعدات آلية (المعدلان) وآلات التسوية الكبيرة.

286. saturation 286. تشبّع

في الجو، عندما لا يمكن للهواء الجوي تقبل مزيد من بخار الماء. ويتوقف ذلك على الضغط ودرجة حرارة الهواء.

287. water logging 287. تشبع الارض بالمياه

في نظام الري المستديم، ارتفاع مستوى الماء في الأراضي المروية نتيجة لكثرة المياه التي تغمرها أكثر أيام السنة وسوء حالة الصرف فيها وتكون النتيجة قلة الأوكسجين في منطقة الجذور.

288. afforest ration 288. تشجير

1. زراعة شجيرات وأشجار غضة ومزهرة لتحسين البيئة.

2. زراعة أشجار الغابات لإغراض اقتصادية وبيئية.

289. trimming 289. تشذيب

في الغابات، عملية تهذيب الأغصان وأفرع الأشجار بغرض خفها. يجري التشذيب بمعدات القص والقطع الآلية.

---

290. forming | **290. تشكيل**

في أعمال الورش يجري تشكيل المعادن بالمخارط ومعدات التفريز والصب.

---

291. waxing | **291. تشميع**

1. في التسويق يتم إكساء الفواكه والخضار بالشمع عند إعدادها للتصدير.

2. ترش الأشجار والشجيرات (أحيانا) بالشمع لتقليل النتح (التبخر) منها.

---

292. discharge of river | **292. تصريف النهر**

في مجاري الأنهار، كمية (حجم) المياه التي تمر في نقطة ما في مقطع المجرى خلال وحدة زمنية معينة. يقاس بالأمتار المكعبة في الدقيقة.

---

293. food processing | **293. تصنيع الأغذية**

في المصانع، أسلوب لتجهيز الأغذية وحفظها من التلف والمحافظة على صفاتها وخصائصها وإعدادها للتسويق. يتم التصنيع بطرق التجفيف، أو التجميد، أو التعليب، بما في ذلك تصنيع الألبان (★).

---

294. agricultural processing | **294. تصنيع زراعي**

سلسلة العمليات التي تجري لإعداد منتجات زراعية وتهيئتها للاستعمال أو الحفظ أو تحسين صفاتها أو تغيير إشكالها ويشمل ذلك التجفيف والطحن والتبريد والتجميد وغيرها.

---

295. classification | **295. تصنيف**

1. في عالم النبات والحيوان تقسم النباتات والحيوانات وفقاً لأسلوب متعارف عليه، إلى أقسام وشعب وطوائف ورتب وفصائل وأجناس.

2. في الأراضي، تقسم التربة إلى أنواع وفقاً لطبيعة تكوينها وخصائصها.

296. land classification ‏296. تصنيف الأراضي

في الزراعة، تقسم الأراضي الى أنواع وفقاً لطبيعة تربتها وتكوينها ومقدرتها على أنتاج المحاصيل.

297. air elutriation ‏297. التصنيف بتيار هوائي

في المحاصيل الحبية، أسلوب لتصنيف الحبوب وفقاً لأحجامها باستخدام الهواء (★).

298. grafting ‏298. التطعيم

في البستنة، اتحاد تركيبين منفصلين، كاتحاد ساق مع جذر، أو ساقين معاً، بغرض التحكم في النمو والنوع والجودة.

299. vaccination ‏299. تطعيم (تحصين)

حقن الأجسام الحية بأمصال مضادة، للوقاية من الأمراض التي تنتج عن البكتريا. قد يكون التطعيم مانعاً أو وقائياً.

300. disinfection ‏300. تطهير

إبادة أو التخلص من وسائط ومسببات الإصابة، إما باستخدام مواد تطهير كمبيدات الجراثيم والمضادات الحيوية وسوائل التطهير، أو بإجراء عمليات معينة كالبسترة والتعقيم أو التدخين (★).

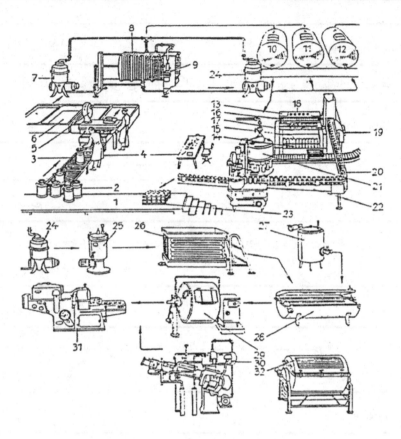

تصنيع الألبان

1. محطة استقبال وتسليم
2. سطل اللبن
3. حصيرة ناقلة
4. تلقي اللبن
5. ميزان
6. رواقية (أوعية) اللبن
7. مصفاة
8. جهاز تسخين
9. ثرموستات
10. خزان اللبن الكلي
11. خزان اللبن المقشود
12. خزان اللبن الخض
13. آلية غسل القوارير (العبوات)
14. رف
15. القوارير بعد الغسل
16. ترتيبة مسك القوارير
17. ترتيبة دفع القوارير
18. أجهزة قياس الضغط ودرجة الحرارة
19. جهاز اختبار القوارير
20. سير نقل القوارير
21. آلة تعبئة
22. آلة سد القوارير
23. صندوق معبأ (جاهز للنقل)
24. جهاز نزع القشدة
25. جهاز طرد مركزي لتسخين القشدة
26. مبرد القشدة
27. جهاز إضافة الأحماض
28. راقود إنتاج القشدة
29. ممخضة اللبن
30. ممخضة الزبد
31. آلة تشكيل وتعبئة الزبدة
32. آلة صنع الجبن

التصنيف بتيار هوائي air elutriation

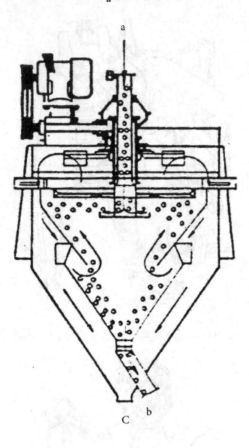

الشكل رقم (65) : جهاز تصنيف بتيار هوائي

a. ترتيبة تلقيم

b. حبيبات كبيرة المقاس

c. حبيبات صغيرة المقاس

تطهير disinfection

الشكل رقم (66) : حمام تغطيس لتطهير الحيوانات

الشكل رقم (67) : تطهير الحيوانات بالرش

---

301. agricultural development | 301. تطوير زراعي

مصطلح يطلق على أي تغيير، أو تعديل، أو إضافة، أو تحسين يدخل على الأساليب، أو المعدات، أو المحاصيل، أو المنتجات الزراعية، كنتيجة للدراسات والأبحاث العلمية والزراعية.

---

302. census | 302. تعداد

في الإحصاء، الحصر الكمي والنوعي الذي يُراد بحثه لغرض معـين، كالأراضي الزراعيـة، أو السـكان مثلا، في منطقة معينة وفي تاريخ محدد ويشمل ذلك التصنيفات الفرعية والخصائص.

---

303. Putrefaction | 303. تعفن

فساد المواد النباتية والحيوانية نتيجة تحللها بفعل البكتريا ويصاحب ذلك عادة انبعاث غـازات كريهة.

---

304. dusting | 304. تعفير

في مكافحة الآفات الزراعية، عملية بث وتوزيع مساحيق المبيدات الكيميائيـة علـى الأسـطح المـراد وقايتها باستخدام تيار الهواء.

---

305. Sterilization | 305. التعقيم

في الصناعات الغذائية، عملية إبادة الجراثيم والكائنات الحيـة الدقيقـة التـي تتسـبب في إحـداث إصابات مرضية أو نقل عدوى. تعتبر بسترة الألبان مثالا من أمثلة التعقيم.

---

306. canning | 306. تعليب

عمليات إعداد ووضع الأطعمة في علب لحفظها وتسهيل تداولها مثل:

1. fish canning
1. تعليب الأسماك

2. fruit canning
2. تعليب الفواكه

---

3. تعليب اللحوم
3. meat canning

4. تعليب الخضراوات
4. vegetable canning

| **307. substitution** | 307. التعويض |

في الري، عملية توريد المياه في الترع بعـد انتهاء المناوبـة إذا لم يتيسرـ ري بعـض الأراضي الواقعـة عليها (المناوبة) في أثناء فترة المناوبة.

| **308. nutrition** | 308. تغذية |

في عالم الحيوان، إمداد الجسم بحاجته مـن كميـات الطعـام والأغذيـة الضرورية لوجوده، حيـث يمتصها فتسري في مجرى الدم لتبني الأنسجة والعضلات والدهن والعظام وغيرها، وتزوده بالطاقة التـي تمكنه من أداء وظائفه. وتقسـم المـواد الغذائيـة إلى مـواد بروتينيـة ودهنيـة وكربوهيـدرات، فضلاً عـن الفيتامينات والأملاح.

| **309. feeding** | 309. تغذية |

التغذية عملية أو أسلوب لإمداد النبات، أو الحيوان بالمواد الغذائية.

| **310. mulching** | 310. تغطية التربة |

أسلوب يتم بموجبه تغطية سطح التربة بـبعض أنـواع اللـدائن (البلاسـتك) أو بـبعض المـواد بعـض (بقايا الحاصل)، مما يؤدي الى تقليل التبخر من التربة والمحافظة على درجات حرارتها في الحـدود المثاليـة لنمو الجذور، مما يساعد على زيادة الغلّة.

| **311. rubber coating** | 311. تغطية بالمطاط |

في تعمـير الصحاري، أسـلوب لتثبيـت التربـة، فيـه تـرش الكثبـان الرمليـة بغطـاء مـن المطـاط الاصطناعي، الذي يعمل على تماسك حبيبات التربة ومقاومة تعريتها بفعل الرياح، مما يتيح إنماء الجـذور وتشجير الأراضي الصحراوية (★).

312. dissection .312 تفتيت

نوع من التآكل (تعرية) لسطح التربة، أو الأرض بفعل مياه الأمطار.

313. hatching .313 تفريخ

في تربية الدواجن، عملية الترقيد لإنتاج الكتاكيت من البيض ويشمل ذلك فحص البيض (من حيث الإخصاب) ووضعه في الحاضنة وتقليبه دورياً وفحص الأفراخ بعد الفقس.

314. turnout .314 تفريعة (تحويلة)

وسيلة من وسائل ضبط تدفق الماء في القنوات وتوزيعها، والتحكم فيها وهي عبارة عن أنبوب به صمام أو بوابة، يوضع عبر ضفة القناة لتحويل التدفق من المجرى الرئيس الى مجرى فرعي.

315. shetling .315 تقشير

نزع الأغطية وتخليص الحبوب أو الثمار منها كما هي الحال بتقشير الذرة أو الفول يدوياً أو بالآلات.

تغطية بالمطاط rubber coating

الشكل رقم (68) : تثبيت التربة الرملية برشها بطبقة من المطاط بين الشجيرات المغروسة

---

316. distillation | **.316 تقطير**

في الصناعات الغذائية، عملية تجري لفصل مخاليط سوائل، لها درجات غليـان مختلفـة، بعضـها

عن بعض عن طريق تبخيرها ثم تكثيف الأبخرة مرة ثانية الى سائل ومن أنواعه:

1. destructive distillation | 1. تقطير إتلافي

2. extraction distillation | 2. تقطير استخلاصي

---

317. bucking | **.317 التقطيع (التكسير)**

في أعمال الغابات، مصطلح يطلق على عملية تقطيع الأشجار إلى أطوال مناسبة.

---

318. plant pulling | **.318 تقليع النبات**

في أعمال المشاتل، رفع (نزع) النبات من التربة مع جزء من جذوره (★).

---

319. pruning | **.319 تقليم (تشذيب)**

في النبات، عملية التخلص من بعض الأجزاء الحية أو الميتة من النبات، كالجذور أو السـاق بغـرض

التحكم في نموه أو زيادة إنتاجيته من الثمار أو الأزهار،وذلك بواسطة آلة حادة كمقص أو منشار يـدوي أو

آلي.

---

320. reproduction | **.320 تكاثر (تناسل)**

في النبات والحيوان، عملية بها تتوالد أنواع منها. قد يكون التكاثر جنسياً أو غير جنسي (وهو الذي

يتم في الأنواع الدنيا بانقسام الفرد إلى فردين)، كما يحدث في البكتريا والكائنات وحيدة الخلية.

تقليع النبات plant pulling

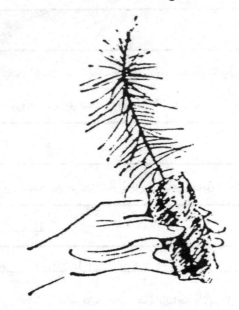

الشكل رقم (69) : منظر لشتلة شجر بعد اقتلاعها من التربة

321. تكاثر جنسي	**321. sexual reproduction**

في الحيوان، عملية توالد نتيجة اتحاد خلايا جنسية متخصصة، حيث تختفي خلية الذكر أو الحيوان المنوي تماماً في بويضة الأنثى فتنمو فرداً جديداً بالانقسام المتكرر.

في النبات، تكاثر بفعل الرياح أو الحشرات حيث تقوم بحمل حبوب اللقاح المذكرة إلى أعضاء التأنيث اللزجة، وفي الأسماك تضع الأنثى بيضها في الماء فيصب الذكر فوقها حيواناته المنوية.

322. التكاليف الثابتة	**322. fixed costs**

في محاسبة التكاليف و تكاليف الأصول الثابتة التي تستخدم في الإنتاج، كالمباني، والآلات والمعدات ومرافق الخدمات والنقل.

323. التكاليف المتغيرة | 323. variable costs

في محاسبة التكاليف وتكاليف مستلزمات الإنتاج المتغيرة وتشمل تكاليف المواد الخام ومصاريف نقلها، وأجور الأيدي العاملة، ومصروفات تشغيل المعدات ووسائل النقل(الوقود والطاقة).

324. تكثيف | 324. condensation

في مادة ما، تحويل المادة من حالتها الغازية الى السائلة (تحويل البخار الى ماء).

325. تكلفة ابتدائية (أساسية) | 325. prime costs

في محاسبة التكاليف، التكلفة الأساسية الفعلية لمنتج ما باحتساب تكلفة الخدمات المباشرة الداخلة في أنتاجه، وأجور العاملين المباشرين، ' التي قامت بإنتاجه ولا يدخل فيها مصروفات إدراية.

326. تكنولوجيا زراعية | 326. agricultural technology

كافة العمليات والمواد المستخدمة في الزراعة وفق نظم إنتاجية.

327. تكهف (تقوض) | 327. caving

تعرية في جسر النهر من جراء تدفق المياه التي تتسبب في تجويف ميل الجسر- مما يؤدي إلى انهيار الأجزاء المعلقة منه وتهايل الجوانب المقعرة من أجزائه المتعرجة.

328. تكييف الهواء | 328. air-conditioning

عملية كهروميكانيكية تجري لمعالجة الهواء الجوي أو أي هواء آخر، وتهيئته داخل الأبنية أو غيرها من الأماكن المغلقة، حتى يكتسب صفات محددة من درجة الحرارة والرطوبة والنقاوة.

329. Pollination	329. تلقيح

في النبات، وضع حبوب اللقاح فوق الميسم أو المبيض لإنتاج ذرية جديدة. وقد يكون التلقيح ذاتياً أو بعوامل خارجية كالحشرات أو الرياح أو المياه.

330. dropping	330. تلقيم

في تسطير البذور تجري عملية إسقاط البذور في مراقدها بالتربة.

331. checkrow planting	331. تلقيم متقاطع

أسلوب من أساليب البذار والزراعة، فسيتم وضع البذور في نقر على مسافات متساوية وفي صفوف منتظمة في اتجاهين متعامدين.

332. hill dropping	332. تلقيم مجمع

من أساليب البذار والزراعة في نقرة وصفوف، فيه يجري إسقاط عدد معين من البذور في نقرة محفورة على إبعاد متساوية ومرتبة في خطوط وسطور منتظمة.

333. pollution	333. تلوث

1. في الأرصاد الجوية ـ التلوث وجود جسيمات غازية وصلبة في الجو، مضرة بحياة الإنسان والحيوان، وذلك بفعل ثاني أوكسيد الكبريت وأكاسيد النتروجين والأدخنة المنبعثة من المصانع ومحطات الطاقة.

2. في الهيدرولوجيا ـ التلوث ينتج عن اختلاط المخلفات الكيميائية والجسيمات الغريبة بمياه الأنهار والمجاري والقنوات المائية مما يؤدي إلى تغيير مواصفاتها وخصائصها.

334. date	334. التمر

الثمار الحلوة التي تؤكل من النخيل (طازجة ومجففة)، وتمثل غذاءً رئيساً لمستوطني

المناطق الصحراوية. وتصنع من التمر العديد من المنتجات الغذائية للإنسان وأخرى للحيوان.

335. التمشيط	335. harrowing

في معاملة التربة، عملية تجري بعد الحراثة لتفتيت الكتل الترابية، بهدف تسوية الأرض المحروثة وتهيئتها لعملية البذار يتم التمشيط بأنواع مختلفة من الأمشاط القرصية والدورانية.

336. تمليح	336. salinization

في التربة، عملية تكون وتراكم الأملاح القابلة للذوبان مثل كبريتات وكلوريدات الكالسيوم والصوديوم. يشتد التملح في الأجواء الجافة وعندما يكون الصرف رديئاً ومعدل التبخر مرتفعاً.

337. تنبؤ	337. forecast

في الأرصاد الجوية، التكهن بالحالة المتوقعة للطقس ليوم، أو أسبوع، أو شهر مسبقاً على أساس التغيرات والبيانات المتاحة.

338. تنظيف	338. cleaning

في معاملة المحاصيل، تخليص الحبوب من الشوائب وبذور الحشائش الضارة أو الحشرات الميتة، أو بقايا القش. قد يجري التنظيف بالمناخل والغرابيل، أو بالهواء أو غيرها من الوسائل.

339. تنظيم النهر	339. river regulation

التحكم في النهر وتفرعاته وتوزيع مياهه والمحافظة عليه بالوسائل الممكنة.

340. تنفس	340. respiration

عملية تحدث في معظم الكائنات الحية بتبادل الغازات. في الحيوانات، دخول الأوكسجين الى الرئتين وانطراد ثاني أوكسيد الكربون منها. في النباتات امتصاص الأوراق للأوكسجين وانطراد ثاني أوكسيد الكربون منها. في الأسماك يتم التنفس من خلال الخياشيم.

341. purification .341 تنقية

في مياه الشرب، عملية تجري لتخليص المياه مما يعلـق بهـا مـن شـوائب وجعلها صـالحة للشـرب بإمرارها في أحواض ترسيب ومرشحات لترويقها وإضافة الكلور لتطهيرها.

342. land development .342 تنمية الأراضي

في الأراضي الزراعية، زيادة إنتاجية الأرض المنزرعة بمختلف الوسائل الممكنـة، كتحسـين خصائص التربة وزيادة خصوبتها باستخدام الأسمدة المناسبة، واستعمال التقاوي المحسنة، ومقاومة الآفات الزراعيـة وأتباع أساليب المكننة الزراعية الحديثة.

343. interbreeding (crossing) .343 تهجين

تزاوج بين ذكر وأنثى من سلالتين مختلفتين من النوع الاحيائي أو النباتي نفسه.

344. rainfall .344 تهطل (سقوط المطر)

هـو معـدل سـقوط الأمطـار الهاطلـة (المنهمـرة) في فـترة زمنيـة معينـة مقاسـاً بالسـنتمترات (أو الملمترات) والمتجمعة فوق مساحة محددة.

345. aeration .345 تهوية (تنفيس)

1. في التربة الزراعية، تعريض التربة ـ بعد قلبها ـ للهواء.

2. في الآبار العميقة، دفع الهواء لتلطيف حرارة الماء قبل رفعه.

3. في تنقية المياه معالجة مياه الشرب بالهواء لجعل طعمها مقبولاً.

346. soil preparation .346 تهيئة الأرض

في الزراعة، العمليات التي تتناول إثارة التربـة وإعـدادها للزراعـة بتمهيـد مرقـد البـذرة وعمليـات التسوية والتخطيط وغيرها (★).

| 347. parthenogenesis | 347. توالد بكري (عذري) |

نمو الجنين من بيضة غير مخصبة. يحدث هذا في كثير من الحشرات حيث تنتج منها أجيال عديدة دون تدخل من الذكور.

| 348. surface tension | 348. توتر سطحي (شد سطحي) |

شد يحدث في سطح السائل نتيجة قوة عمودية عليا تشده إلى الداخل وتجعله يعمل بمثابة غشاء ممدد. يعزى الى هذه الظاهرة ارتفاع السوائل في الأنابيب الشعرية.

| 349. turbine | 349. توربينة |

محرك دوار، يستمد قدرته من مساقط المياه أو الغازات، أو البخار ذي الضغط العالي، وذلك لتوليد الحركة (★).

| 350. horizantal expansion | 350. توسع أفقي |

في الزراعة، زيادة رقعة الأرض الزراعية، يجري باستصلاح الأراضي واستغلال الصحاري والوديان وتحويلها إلى أراض منتجة. يتطلب التوسع الأفقي دراسة المصادر المائية المتاحة، كمياه الأمطار أو الآبار أو الأنهار وقد يفيد استخدام مياه الصرف أحياناً.

تهيئة الأرض Land preparation

الشكل رقم (70) : رسم تخطيطي لبعض عمليات تهيئة الأرض للزراعة

1. حجر أخد (قائم على رأس الحقل)
2. محراث يدي
3. شرائح التربة والقلاقيل
4. خط تحديد
5. بذر البذور
6. كيس البذور
7. تسميد بأسمدة اصطناعية
8. تسميد بسماد يدي (بسباخ)
9. ثيران جر

توربينة Turbine

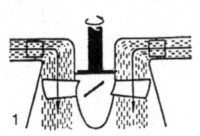

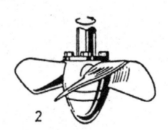

الشكل رقم (71) : توربينة مائية (طراز كابلان)

1. حركة دخول المياه لتحريك الرياش
2. رياش التوربينة

	351. vertical expansion

351. توسع راسي

في الزراعة، مصطلح يطلق على زيادة سعة الوحدة الإنتاجية من رقعة الأرض المزروعة، أي زيادة إنتاجيتها باستخدام الوسائل العلمية كتحسين نوعية الإنتاج وكميته، بتحسين خواص التربة، وإدخال أنواع جديدة من المحاصيل، وتحسين سلالات الماشية والخدمات المزرعية والمكنية منها على وجه الخصوص.

	352. theodolite

352. تيودوليت

تلسكوب صغير يستخدم في أعمال المساحة الأرضية لإغراض الرصد وتحديد الاتجاهات وقياس الارتفاعات.

حرف الثاء

353. sulphur dioxide	353. ثاني أوكسيد الكبريت

غاز، يستخدم في أغراض التطهير، وحفظ المنتجات الغذائية.

354. carbon dioxide	354. ثاني كبريتيد الكربون

غاز، يوجد في الغلاف الجوي (بنسبة 0,03% و 0,07% من حجم الهواء)، ضروري لنمو النبات.

يدخل في الصناعات الغذائية(العصاير).. يستخدم كمادة تبريد في أعمال تكييف الهواء.

355. thermograph	355. ثرموجراف

من مقاييس الحرارة، يسجل بواسطة مؤشر التغيرات الحرارية على خريطة بيانية.

356. thermostat	356. ثرموستات

جهاز حراري لتنظيم الحرارة، يوضع في مسار تدفق السوائل للحفاظ على ثباتها في حدود معينة (كما في السيارات والجرارات).

357. specific gravity	357. الثقل النوعي

الثقل النوعي هو الكثافة النسبية لمادة ما، النسبة بين وزن حجم معين من هذه المادة ووزن الحجم نفسه من الماء، عند درجة حرارة 4 م°. تعتبر كثافة الماء النقي 1 غم/سم³.

358. ice	358. الثلج

الحالة الجامدة للماء، عندما يبرد الى ما تحت درجة الصفر المئوية.

359. dry ice	359. الثلج الجاف

هو ثاني أوكسيد الكربون وهو في حالته الصلبة، يستخدم أساساً في التبريد والصناعات المجمدة.

حرف الجيم

360. gravity	360. الجاذبية الأرضية

القوة التي تؤثر على المواد وتجذبها نحو مركز الكرة الأرضية وتكسبها وزناً.

361. root rake (rooter)	361. جاروف تكويم الجذور

ترتيبة جرف خاصة، تركب في مقدمة الجرار المسرف (ذي الحصيرة) لجمع وتكويم جذور، بقايا جذوع الأشجار المقتلعة (★).

جاروف تكويم الجذور

root rake (rooter)

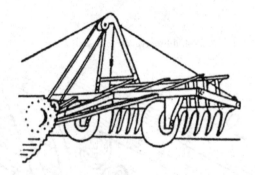

الشكل رقم (72) : جاروف تكويم جذوع الأشجار المستأصلة

الشكل رقم (73) : جر الأشجار ونقلها بعد إسقاطها وتقطيعها

1. الجر بجرارات وترتيبات خاصة   2. ترتيبة تحميل وجر

الجر   skidding (yarding)

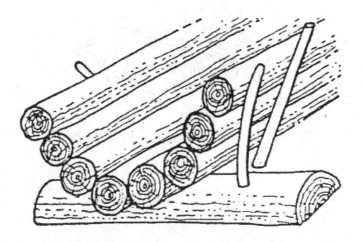

الشكل رقم (74) : مجرى انزلاقي مصنوع من الأشجار المقطعة، يستخدم للنقل عبر المنحدرات

362. جالون (غالون) | **362. gallon**

وحدة قياس حجم السوائل ويساوي 4,546 لتر.

363. جبس | **363. gypsum**

مادة طبيعية (كبريتات الكالسيوم)، تدخل كمادة أولية في صناعة سماد كبريتات الأمونيوم (سلفات النشادر) ويستخدم في استصلاح الأراضي الملحية والقلوية، ذات الأملاح غير القابلة للذوبان في الماء ويسمى الجبس الزراعي.

364. جدول ماء | **364. brook**

هو المجرى المائي الصغير، وقد يعرف باسم نهير أو غدير.

365. جذر | **365. root**

في النباتات، الجزء الممتد من الساق الى التربة ومنه ما هو رئيسي- أو عرضي وفي أطراف الجذور شعيرات تمتص الماء والأملاح.

366. الجر | **366. skidding**

في الغابات، مصطلح يطلق على الجر المبدئي (في موقع الاسقاط والتقطيع) للاشجار والجذوع ونقلها الى موقع تخزينها المؤقت، كما يطلق ذلك على نقلها الى المواقع النهائية على الطرق (★).

367. جرّار | **367. tractor**

مركبة ذاتية الحركة تسير على عجلات، أو على سرفة (حصيرة)، أو على عجلتين في الأمام وسرفة في الخلف وحالات أخرى (★).

368. walking tractor	368. جرّار حدائق

جرّار صغير، يسير عادة على عجلة واحدة أو على عجلتين، يدفعه العامل الزراعي أمامه ويتحكم في مساره بيديه (★).

369. agricultural tractor	369. جرّار زراعي

جرّار يستخدم في أعمال الزراعة لتشغيل المعدات الزراعية للاقتصاد في الجهد البشري وإدارة الإعمال المكنية الحديثة.

370. logging tractor	370. جرّار نقل أخشاب

جرّار غابات بحمالة أخشاب لنقل الأخشاب وتحميلها من أماكن قطعها في الغابات إلى أماكن جمعها على جانب الطريق (★).

371. river wash	371. جرف النهر

عملية تعرض المواد الغرينية في قاع مجرى النهر لعوامل التعرية والترسيب.

372. mowing	372. جَزّ (حش = قصل)

مُصطلح يطلق على عملية قطع محاصيل الدريس ومحاصيل العلف الأخضر كالبرسيم والمحاصيل التي تقطعها لإغراض السايلج.

373. dike	373. جسر حاجز

1. ممر أو طريق مرتفع غير منخفض لحجز المياه.

2. جدار من الطين بطول ضفة النهر لحجز الماء في حالة الفيضان.

جرار بأربع عجلات

four - wheeled tractor

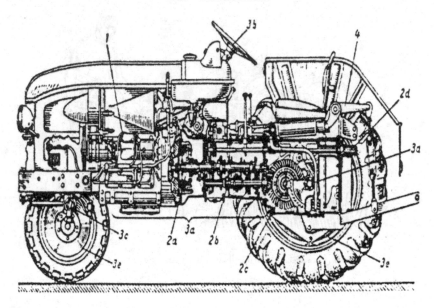

الشكل رقم (75) : المكونات الرئيسية لجرار

1. المحرك
2. مجموعات نقل الحركة

a2. القابض (الدبرياج)

b2. صندوق التروس (الجير بوكس)

c2. المجموعة الفرقية، ومجموعة الإدارة النهائية

d2. مأخذ القدرة (عمود التشغيل الخلفي)

3. الهيكل الأساسي

a3. الهيكل كوحدة متكاملة

b3. جهاز القيادة والتوجيه

c3. المحور الأمامي

d3. المحول الخلفي

e3. العجلات

4. الرافع الميكانيكي (معدات خاصة)

جرار حدائق (جرار بساتين)
Walking tractor

الشكل رقم (76) : منظر عام لأحد الجرارات المستخدمة في الحدائق

جرار نقل أخشاب logging tractor

الشكل رقم (77) : جرار نقل أخشاب بدون مقطورة

a

b

الشكل رقم (78) : جرار نقل أخشاب بمقطورة

a. الجرار قبل تحميل المقطورة   b. الجرار والمقطورة محملة بالأخشاب

374. drought	.374 جفاف (عطش)

في الزراعة، مُصطلح يطلق على نقص المياه اللازمة للري، يتوقف حدوثه على معدل سقوط الأمطار ونوعية التربة، ودرجة حرارة الجو والرياح وقد يعرف باسم "القحط".

375. truss	.375 جملون

في المباني، هيكل شبكي من القضبان المتصلة ببعضها البعض اتصالاً بترتيب محدد يحفظ الشكل العام للمبنى، من أمثلته هياكل إيواء الحيوانات، وفي مزارع الألبان.

376. straw shredder	.376 جهاز إعداد التبن

في آلة الدراس والتذرية، جهاز يقوم بتقطيع القش إلى أجزاء صغيرة، وإعداده على هيئة تبن ناعم، واستخلاص ما قد يكون فيه من حبوب عن طريق الغربلة (★).

جهاز إعداد التبن straw shredder

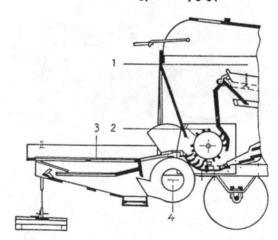

الشكل رقم (79) : رسم تخطيطي لجهاز إعداد التبن في مؤخرة آلة الدراس والتذرية

1. ترتيبة الهز (الرداخ)   3. غربال التبن
2. المضرب (درفيل التقطيع)   4. مروحة نافخة

---

377. grading and sacking mechanism   377. جهاز التدريج والتعبئة

في آلة الدراس والتذرية و جهاز يقوم بفرز الحبوب وفقاً لمقاساتها (أحجامها)، ثم تعبئتها في أكياس.

---

378. winnowing mechanism   378. جهاز التذرية

في آلة الدراس والتذرية، جهاز يقوم بتنظيف الحبوب من الأغلفة والقش والأتربة والحبوب غير التامة الدراس، والحصى وما الى ذلك.

---

379. feed mechanism   379. جهاز التلقيم

1. في آلات التسطير في الباذرة، جهاز يوجد في أسفل صندوق البذور يقوم بسحب البذور من الصندوق بمعدلات مضبوطة، وتلقيم أنابيب البذور بالكميات المحددة منها.
2. في حالة الدراس والتذرية، جهاز يقوم بنقل المحصول وتلقيمه لمضرب الدراس بمعدلات منتظمة (★).

جهاز التلقيم feed mechanism

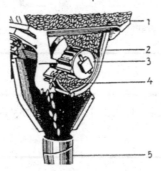

الشكل رقم (80) : قطاع في جهاز تلقيم ذي أسطوانة مسننة (مموجة)

4. فتحة تنظيم	1. صندوق البذور
5. أنبوب البذر	2. قادوس التلقيم
	3. الأسطوانة المسننة

| 380 . cutting mechanism | 380. جهاز الحصد |

في الحاصدة جهاز فعال يقـوم بقطع المحصـول في الحقـل يتكـون مـن جـزأين، احـدهما متحـرك (المنجل) والآخر ثابت (المشط) (★).

مشط الحصد finger bar

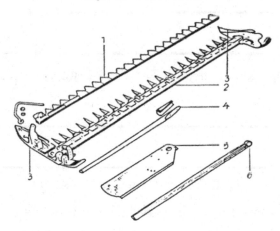

الشكل رقم (81) : مكونات جهاز الحصد

4. عصا الحصد	1. السكين (المنجل)
5. لوح الحصيد	2. مشط الحصد
6. ذراع توصيل	3. حذاء

| 381. binding mechanism | 381. جهاز الربط |

في آلة الحصد والربط، الجهاز الذي يقوم بربط المحاصيل المحصودة بالأسلاك أو بالخيوط، في حزم متساوية.

| 382. threshing mechanism | 382. جهاز الدراس |

في آلة الدراس والتذرية والحاصدات، جهاز يقوم بفرط الحبوب مـن السـنابل أو الأغلفـة أو القـش يتكون من مضرب للدراس وحصيرة تحيط به جزئياً من أسفل.

| 383. steering system | 383. جهاز القيادة والتوجيه |

في الجرّار الزراعي والجهاز الذي يستخدم للـتحكم في اتجـاه الجـرّار، وتغييـره في إثنـاء السـير عـن طريق العجلتين الأماميتين (★).

جهاز القيادة والتوجيه steering system

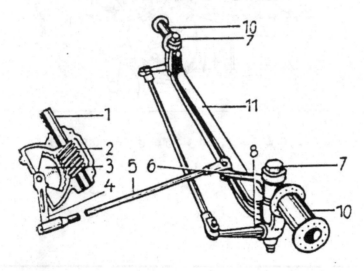

الشكل رقم (82) : جهاز التوجيه من المحور الرئيسي لدوران العجلة الأمامية

7. المحور الرئيسي لدوران العجلة الأمامية	1. عمود القيادة
8. ذراع مقص للتوجيه	2. ترس توجيه دوري
9. ذراع الازدواج (عمود الدرب)	3. قطاع توجيه مسنن
10. مفصل التوجيه	4. ذراع التوجيه الهابطة
11. المحور الأمامي للعجلتين (الدنجل)	5. وصمة الجر (ساعد التوجيه)
	6. ذراع التوجيه المفصلية

| 384. pressing mechanism | 384. جهاز الكبس |

في آلة التبييل اللاقطة، جهاز يقوم بكبس القش أو الدريس و يلحق بمؤخرة الآلة (★).

جهاز الكبس pressing mechanism

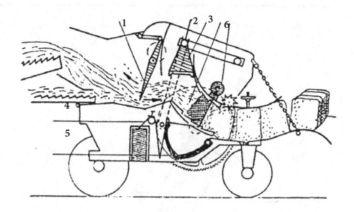

الشكل رقم (83) : قطاع في جهاز كبس القش بمؤخرة آلة الدراس والتذرية

1. ذراع
2. المكبس
3. غرفة الكبس
4. خيط الرباط (الدبارة)
5. مخراز
6. ترتيبة الربط

385. جهاز اللقط 385. pick – up attachment

في الحاصدات المكيانيكية الجامعة، جهاز إضافي (أختياري) يركب أمام وحدة النقل التي تقوم برفع المحصول إلى جهاز الدراس، وظيفته لقط كومات المحصول السابق حصدة وتغذية وحدة النقل بها بعد التجفيف (★).

جهاز اللقط pick – up attachment

1   2

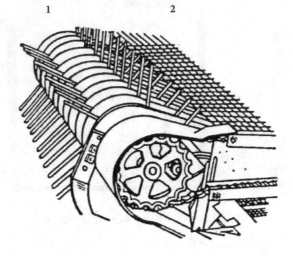

الشكل رقم (84) : جهاز اللقط

1. الأمشاط المتحركة   2. الحصيرة الناقلة

---

386. husking mechanism	386. جهاز الهرس

في آلة الدراس والتذرية، جهاز يقوم بتخليص الحبوب من الشوائب والأتربة التي تماثل الحبوب في أحجامها.

---

387. evaporator	387. جهاز تبخير

في الصناعات الغذائية، جهاز يستخدم لزيادة تركيز المحاليل بغليها وإخراج نسبة من الماء منها بالتبخير.

---

388. milk cooler	388. جهاز تبريد الألبان

في مزارع الالبان، وعاء (أنابيب) لتبريد اللبن ــ فور حلبه ــ الى درجة الحرارة المطلوبة (8 مْ) والاحتفاظ به عند هذه الدرجة حتى يتم تصنيعه أو تسويقه للاستهلاك المباشر (★).

جهاز تبريد الألبان (مبرّد الألبان)

Milk cooler

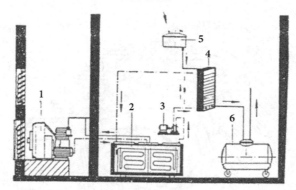

الشكل رقم (85) : رسم تخطيطي لعملية تبريد الألبان

1. الكباس
2. وعاء (خزان) التبر يد
3. مضخة مياه التبريد
4. مبدل حراري
5. مصفاة اللبن
6. وعاء نقل اللبن

389. جهاز تجفيف الحبوب	389. grain drier

جهاز لتخفيض نسبة رطوبة الحبوب والتقاوي عن طريق تيار من الهواء الساخن (★).

جهاز تجفيف الحبوب (مجفف حبوب)

Grain drier

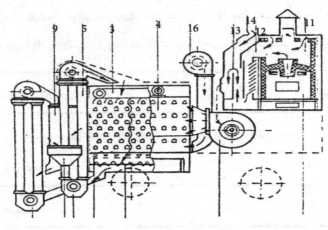

الشكل رقم (86) : رسم تخطيطي لجهاز تجفيف الحبوب

1. قادوس التغذية	9. قادوس الحبوب الجافة
2، 8. ساقية نقل الحبوب	10. فرن (موقد)
3. حصيرة ناقلة	11. غرفة الخلط المبدئي
4. غرفة التجفيف	12. حاجز الشرر
5. فرع لإعادة الحبوب الزائدة	13. مجرى الخلط
6. ترتيبة خروج	14. فتحة دخول الهواء الجوي
7. حلزون (بريمة)	15، 16. مروحة

390. جهاز تجفيف الدريس — 390. hay drier

في مخازن الدريس، جهاز يتكون من مروحة هوائية دافعة وشبكة من الأنابيب لتوزيع الهواء (دون تسخينه) خلال الدريس المخزون على نحو يكفل تقليل محتواه المائي إلى حوالي 10%.

391. جهاز تجفيف العلف الأخضر — 391. green crop drier

في معدات تجهيز المنتجات الزراعية، جهاز لتجفيف محاصيل العلف الأخضر كالبرسيم والذرة. قد يكون التجفيف عند درجة حرارة لا تتعدى 180مْ أو أعلى من ذلك.

392. grain winnower (grain cleaner)   .392 جهاز تذرية الحبوب وغربلتها

في معدات تنظيف الحبوب وتدريجها، جهاز يتكون من قادوس تلقيم تحته مجموعة من الغرابيل تتحرك حركة اهتزازية أفقياً ورأسياً، ومروحة تذرية لتخليص الحبوب من الشوائب.

393. grain damper   .393 جهاز ترطيب الحبوب

في معاملة الحبوب، جهاز لتبليل الحبوب وترطيبها بالمياه قبل طحنها. درجة الترطيب تتوقف على نوعية الحبوب وطريقة الطحن.

394. soil sterilizer   .394 جهاز تعقيم التربة

من أجهزة معالجة التربة، يستخدم لتعقيم التربة جزئياً بتسخينها بوسيلة حرارية(كهربائية أو غازية) أو ببخار الماء، أو بمواد تعقيم كيميائية أو بالدخان.

395. feeder   .395 جهاز تغذية

في مزارع تربية الدواجن، نظام يتحرك فيقدم الأغذية ليوزعها أمام الدواجن بكميات منتظمة، على نحو متواصل (★).

جهاز تغذية (غذَّاية) feeder

الشكل رقم (87) : صورة لترتيبة تغذية تتكون أساساً من سير (جنزير) متحرك يدفع معه الغذاء للدواجن

396. covering device   396. جهاز تغطية

في آلات تسطير البـذور، ترتيبـه تتكـون مـن سلاسـل، تركـب خلـف أنابيـب البـذر لـردم الحفـر أو الأخاديد وتغطية البذور (★).

جهاز تغطية   covering device

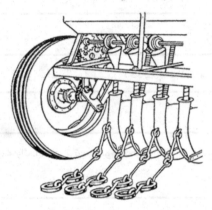

الشكل رقم (88) : جنزير لتغطية البذور يلحق بجهاز التسطير

397. swath turner   397. جهاز تقليب الأكوام

مُعدة تستخدم لتقليب حزم أو أكوام المحصول المحصود، بهدف تهويته.

398. straw bucher   398. جهاز تكويم القش

في آلة الضم والدراس، جهاز إضافي يقوم بتلقي القش الـوارد مـن الهـزارات وتشكيله علـى هيئـة كومات يمكن جمعها لاحقاً.

399. magnetic seed cleaner   399. جهاز تنظيف البذور المغنطيسي

في إعداد البذور والحبوب، جهاز مغنطيسيـ معملي يستخدم لاكتشاف وتحديد وفصل بـذور الحشائش والأعشاب الضارة واستبعادها، كذلك استبعاد البذور المعيبة.

400. جهاز تنظيف وتدريج البذور	400. seed cleaner and grader

جهاز لتنظيف وفرز(تدريج) البذور وفقاً لأوزانها أو مقاساتها، وفصل بذور الأعشاب الضارة.

401. جهاز تهوية الأكوام	401. swath aerator

جهاز حقلي مزود بترتيبة خاصة لرفع الحزم أو أكوام المحصول وتفكيكها، وتهويتها، دون قلبها.

402. جهاز توزيع الأسمدة	402. fertilizer distributor

جهاز يقوم بنثر الأسمدة على سطح التربة بشكل دفعات بمعدلات يمكن التحكم بها.

403. جهاز حزم وربط	403. straw trusser

في آلة الدراس والتذرية والحاصدة، ترتيبة تقوم بتجزئة القش الى كومات، وحزم وربط كل كومة على حدة.

404. جهاز دوراني للري بالرش	404. rotary sprinkler

أحد معدات الري الأوتوماتكية. يستمد مياهه من مصدر ماء(آبار مثلاً). يتكون من ذراع طويل مركب من عدة وصلات. تحمل الأنابيب عدة فوهات للرش موزعة على أبعاد منتظمة. الذراع يمكنها الدوران حول محور ثابت وبمعدل منتظم لتغطي مساحة دائرية في حدود عشرات الهكتارات. يمكن إضافة الأسمدة الكيميائية القابلة للذوبان في الماء (★).

جهاز دوراني للري بالتنقيط rotary sprinkler

الشكل رقم (89) : جهاز دوراني (محوري) للري بالتنقيط يستخدم في بعض المناطق الصحراوية، ويمكنه تغطية دائرة مساحتها 100 هكتار

405. جهاز رش (مبيدات)   405. sprayer

في مكافحة الآفات الزراعية، جهاز لرش المبيدات الكيميائية. يتكون من خزان للسائل، ومضخة لدفعه تحت ضغط، وعدة فوهات للرش والتوزيع على الأسطح والمساحات (★).

جهاز رش (رشاشة مبيدات) sprayer (atomizer)

الشكل رقم (90) : منظر عام لجهاز رش مركب على جرار

جهاز رش آلي (رشاشة آلية) power sprayer

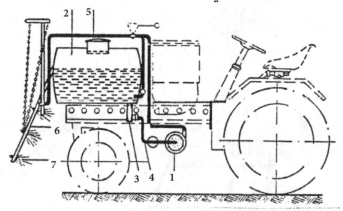

الشكل رقم (91) : رسم تخطيطي لمكونات جهاز الرش

1. مروحة دافعة	4، 5. أنبوب التوصيل
2. خزان السائل	6. حامل
3. منظم	7. فوهة الرش

جهاز رش سيكلوني cyclone sprayer

الشكل رقم (92) : جهاز رش سيكلوني، مركب على جرار، يستخدم في الغابات

406. جهاز رش مخروطي — 406. cyclone sprayer

في الغابات والبساتين، جهاز لرش الأسمدة أو المبيدات المذابة في سوائل أو محاليل، يركب على جرار. تخرج منه السوائل في شكل مخروطي على هيئة رذاذ لرش ومعالجة الأشجار (★).

407. جهاز فرز الحبوب — 407. grain separator

في معاملة الحبوب، جهاز للتنظيف والفرز (★).

أجهزة الفرز أنواع:

1. جهاز فرز بالأطوال **indented cylinder separator**.
2. جهاز فرز بالأوزان **windsifte (air separator**.
3. جهاز فصل الحبوب **grain separator**.
4. جهاز فصل بالطرد المركزي **centrifugal aspirator**.

جهاز فرز الحبوب grath separator

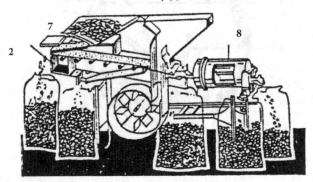

الشكل رقم (93) : رسم تخطيطي لجهاز متكامل لتذرية الحبوب وغربلتها وفرزها وتعبئتها

1. شوائب كبيرة الحجم
2. غبار وأتربة
3. حصى وبذور حشائش
4. حبوب خفيفة
5. حبوب صحيحة
6. جسيمات دحروجية
7. القادوس
8. أسطوانة الفرز

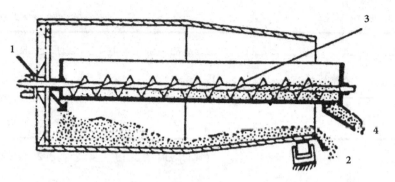

الشكل رقم (94) : قطاع طولي في أسطوانة الفرز

1. دخول الحبوب
2. الحبوب المفرزة
3. الحلزون (البريمة)
4. الجسيمات الدحروجية

الشكل رقم (95) : قطاع عرضي في أسطوانة الفرز

1. تجاويف نصف كروية
2. الحبوب المفرزة
3. وعاء احتجاز
4. جسيمات دحروجية

408. measuring instrument	408. جهاز قياس

مُصطلح يطلق على أي جهاز يستخدم لقياس عنصر من عناصر التحكم كالترمومتر لقياس درجة الحرارة مثلاً.

409. straw press	409. جهاز كبس القش

جهاز لكبس القش على هيئة بالات مربوطة بالسلك أو خيط خاص.

410. rarbonator	410. جهاز كربنة

في الصناعات الغذائية، جهاز لإضافة ثاني أكسيد الكربون إلى العصير.

411. straw spreader	411. جهاز نشر القش

في آلة الدراس والتذرية والحاصدة المركبة جهاز إضافي يركب في مؤخرة الآلة لنثر القش الساقط من الهزازات ونشره فوق سطح التربة تمهيداً لدفنه داخلها عند الحراثة.

412. jute	412. جوت

نبات مستدق الساق يُزرع للاستفادة من أليافه لصناعة الأكياس والحبال. تترك على الأرض بعد حصاده حتى يذبل ثم يغمس في الماء لتفكيك أليافه بعملية تدعى (التعطين).

413. lime	413. جير

هو أوكسيد الكالسيوم. من المخصبات غير العضوية يحسن خواص التربة ويساعد على تكون النتروجين فيها ويصحح ملوحتها ويحسن قدرتها على الصرف.

حرف الحاء

414. حاجز فيضانات	414. levee

حاجز ينشأ بطول ضفتي النهر لمنع فيضان النهر

415. حَجر (صحي)	415. quarantine

مُصطلح يطلق على احتجاز الأفراد، أو المزروعات، أو الحيوانات أو ذبائحها في أماكن محددة للتفتيش لإغراض السلامة الصحية.

416. حجر الرحى	416. hand grindstone

فكا الرحى، جهاز لجرش الحبوب يتكون من قرصين من أحجار الطحن، علوي وسفلي. يدار العلوي يدوياً (★).

حجر الرحى (الرحاية) **hand grindstone**

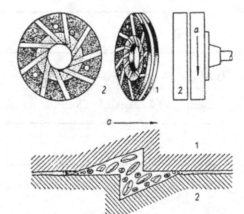

الشكل رقم (96) : حجر الرحى

a. اتجاه الحركة

1. الحجر المتحرك 2. الحجر الثابت

417. حجم التدفق — volume of flow 417.

في المجاري المائية، مجموع كميات المياه الواردة أو المنصرفة في فترة زمنية معينة (قدم مكعب في اليوم).

418. حدّ — 418. border

سد صغير يحدد مساحة صغيرة من الأرض يجري غمرها بالماء تمهيداً لزراعتها (بالرز مثلاً). قد يعرف باسم " متن".

419. حدّافة (دولاب تنظيم السرعة) — 419. flywheel

في المكائن، عجلة ثقيلة عزم القصور الذاتي لها كبير نسبياً نتيجة لتوزيع معظم مادتها في محيطها. تعمل على انتظام سرعة الدوران واستمراريتها.

420. الحديد — 420. iron

عنصر فلزي له استخدامات عديدة، دوره في التربة الزراعية لإنماء النباتات غير معروف على وجه التحديد، غير أن نقصه يؤدي إلى عدم تكون الكلوروفيل.

421. حرارة — 421. heat

للحرارة دور كبير في الزراعة، فهي تدفئ التربة والنبات والحيوان، وتهيئ لها ظروف زيادة الإنتاج. وللحرارة استخدامات في تجفيف المحاصيل وإعمال التفريخ وغيرها.

422. الحرارة الكامنة — 422. latent heat

هي الحرارة اللازمة لتغيير حالة المادة من الحالة الصلبة إلى السائلة، أو من الحالة السائلة إلى الغازية، دون تغير درجة حرارتها. ومن ثم هناك نوعين من الحرارة الكامنة الحرارة الكامنة للانصهار، والحرارة الكامنة للتبخر.

423. الحرارة النوعية | **423. specific heat**

1. للماء، كمية الحرارة اللازمة لرفع درجة حرارة 1 غم منه درجة مئوية واحدة.

2. للمواد الآخرى = الحرارة النوعية للمادة
―――――――
الحرارة النوعية للماء

424. حرث | **424. ploughing**

عملية شق التربة وقطعها وتكسيرها وقلبها وتعريضها للهواء والشمس والعوامل الجوية ودفن الغطاء النباتي بما ذلك الإعشاب الضارة أو بقايا المزروعات والأسمدة العضوية والكيميائية (★).

حرث ploughing

الشكل رقم (97) : حراث بمحراث قرصي يجره جرار زراعي

425. حرث قلاب — **425. lurning ploughing**

عملية حرث يصاحبها قلب التربة بفصل طبقة سطحية من الأرض عن الطبقة التي أسفل منها ثم قلبها لتعريض الطبقة السفلى للتأثيرات الجوية ودفن ما كان على السطح.

426. حرث تحت سطح التربة — **426. sub soiling**

أسلوب من أساليب الحرث، فيه يجري تكسير الطبقات السفلى (تحت الحراثة) دون قلب التربة أو مزجها مع الطبقة السطحية الخصبة. يساعد ذلك على تحسين الصرف. بفضل أتباع هذا الأسلوب في الأراضي الجافة حتى تظل بقايا المحصول السابق حصده على سطح التربة لحمايتها من عوامل التعرية المائية والريحية.

427. حرق الحشائش — **427. flaming**

في أساليب مقاومة الحشائش، تعريض نباتات الأدغال (وفق اشتراطات خاصة) للهب مباشر من قاذفات لهب يدوية أو آلية تعمل بالبيوتان أو البروبان. ولا يفضل هذا الأسلوب، من الناحية العلمية الا عند الضرورة.

428. حرق مخلفات المحاصيل — **428. stubble burning**

حرق مخلفات المحصول بعد الحصاد لمقاومة الأدغال,وهي طريقة غير علمية.

429. حزام تثبيت — **429. harness**

حزام خاص لتثبيت أكياس جمع الروث على الحيوانات الناقلة لها.

430. حشائش ضارة — **430. weeds**

نباتات متطفلة تنمو في أماكن غير مخصصة لها، تشارك المحاصيل الرئيسة الغذاء فتقلل غلتها، كما تتسبب في زيادة التبخر وفقد الماء من التربة.

---

431. insect ‏431. حشرة

طائفة من المفصليات لها رأس وجسد وأرجل وأجنحة وبطن فيها أعضاء التكاثر والهضم.

---

432. packing ‏432. حَشْو

في الوصلات الميكانيكية، عنصرا لمنع التسرب في وصلة مكونة من جزأين بينهما حركة نسبية، تصنع من مواد مناسبة (★).

حَشْو packing

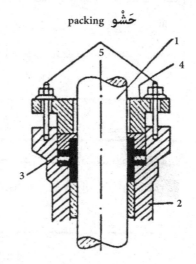

الشكل رقم (98) : صندوق حشو يستخدم في المضخات

1. عمود   4. جلبة
2. مبيت   5. مسامير رباط
3. حشو

---

433. gasket ‏433. حَشية

في الوصلات، عنصر يوضع بين جزأين ليس بينهما حركة نسبية لإحكام رباطهما معاً ومنع التسرب من بينهما (★).

حشية (جوان) gasket

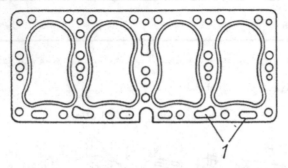

الشكل رقم (99) : حشية رأس الأسطوانة (جوان وش السلندر)

1. فتحات لمياه التبريد

| .434 الحصاد | 434. harvesting |

في الزراعة، مصطلح عام يطلق على عمليات ضم، أو جمع، أو قطف، أو جني المحاصيل المختلفة من حبوب وغلال ونبات وخضراوات وثمار وفواكه وأزهار وغيرها، وذلك بمساعدة معدات خاصة منها حاصدة الحبوب مثلاً (★).

الحصاد (حصاد المحاصيل) harvesting

الشكل رقم (100) : حصد الدريس بالمحاصيد الميكانيكية

435. حصاد الأشجار 435. tree harvesting

مصطلح يطلق على مجموع عمليات إسقاط الأشجار ونـزع أغصـانها وفروعهـا وتقطيـع جـذوعها وجرها من مكان القطع الى موقع تكديسها أو تخزينها على الطرق أو الى موقع شحنها (★).

حصاد الأشجار timber harvesting

الشكل رقم (101) : بعض أعمال الحصاد في الغابة

1. الحز والإسقاط ببلطة
2. التقطيع إلى أطوال قصيرة
3. الترقيم بمطرقة ترقيم
4. نزع اللحاء وتجفيفه
5. تكديس الأجزاء المقطعة
6. تكديس الفروع والأغصان
7. تحميل الأجزاء لنقلها
8. نقل الأجزاء بدحرجتها في مجرى انزلاقي
9. مجرى انزلاقي

436. incubator	436. حضّانة

في تربية الدواجن، جهاز يجري تدفئته وتوضيبه على نحو يمكن التحكم فيه، ليفقس فيه البيض المخصب لإنتاج الفراخ (★).

حضّانة incubator

الشكل رقم (102) : منظر لإحدى حضّانات الكتاكيت

437. cattle shed	437. حضيرة الماشية

مكان مخصص لإيواء الماشية وتغذيتها و ويجهز بالترتيبات المناسبة للاحتياجات، كمزاود العلف ومساقي الماء مثلاً.

438. milking house	438. حظيرة لحلب الألبان

مصُطلح يطلق على مبنى لحلب الألبان المجهز بمعدات للحلب، واستقبال اللبن وتصفيته وتبريده وحفظه لحين استخدامه.

439. excavator	439. حفّار

في معدات شق التربة، مركبة ذاتية الحركة مسرفة عادة، تـزود بمعـدة لحفـر الأراضي (الجـاروف مثلاً).

440. potato digger	440. حفار استخراج البطاطا

آلة لاقتلاع البطاطا من باطن التربة وإخراجها الى سطحها (★).

حفار استخراج البطاطا potato digger

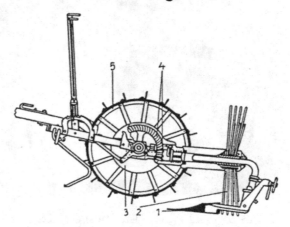

الشكل رقم (103) : حفار استخراج بطاطس ذو أمشاط دوارة

1. السلاح الحفار	4. تروس نقل الحركة
2. المشط الدوار	5. عجلة أرضية
3. صندوق التروس	

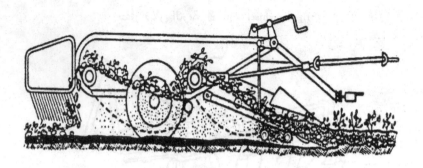

الشكل رقم (104) : حفار بسلاح وحصيرتي رفع ونقل

---

441. face – shovel excavator	441. حفار بجاروف أمامي

442. drag – line excavator	442. حفار جارف

حفار بحبل جر له ذراع وجاروف لتطهير الأنهار.

443. ditch digger	443. حفار قنوات ومصارف

من آلات الحفر الذاتي الحركة، يستخدم لشق وصيانة وإصلاح القنوات والمصارف المكشوفة وحفر الخنادق والحفر.

444. trencher	444. حفار مجاري ضيقة

نوع من الحفارات، يستخدم لشق الخنادق والمجاري الضيقة كالمجاري الخاصة بأنابيب الصرف في نظام الصرف المغطى.

445. ripping chisel	445. حفار نبش التربة

محراث (غير قلاب لتكسير التربة الصلبة الثقيلة تحت منطقة الحراثة ونزع بقايا الأشجار وبعض الأحجار) (★).

حفار نبش التربة ripping chisel (ripper)

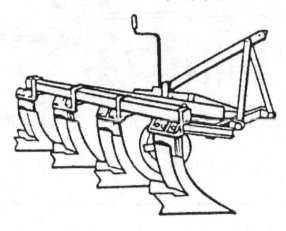

الشكل رقم (105) : حفار نبش التربة

446. excavation	446. حَفرْ

مُصطلح يطلق على عمليات شق التربة وتحريكها أو رفعها لأزالتها.

447. preservation	447. حفظ

في الصناعات الغذائية، العمليات التي تجري للحفاظ على الأطعمة والمنتجات الغذائية من التلف أو الفساد.

448. food preservation	448. حفظ الأطعمة

يجري حفظ الأطعمة بأساليب مختلفة، كالتجفيف والتبريد والتجميد والتمليح والتخليل والتعليب والتعقيم، والتدخين وغيرها.

449. auger	449. حلزون رفع (بريمة)

أحد وسائل الرفع. يستعمل أساساً في نقل الحبوب ورفعها بفعل الحركة الحلزونية الى مكان عال (★).

حلزون رفع (بريمة رفع) auger (conveying screw)

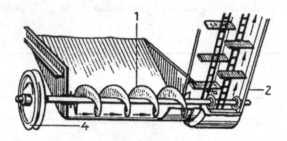

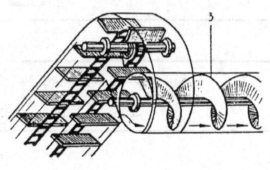

الشكل رقم (106) : ترتيبة رفع

3. الحلزون العلوي	1. الحلزون السفلي
4. بكرة (طنبورة)	2. ساقية نقل

---

450. حلقة (دودة) ‏450. washer

في الآلات والمعدات، عنصر مكني يوضع في الوصلات ذوات المسامير الملولبة (البراغي) لتهيئة سطح مناسب لربط الصامولة وتستخدم أحياناً كوسيلة لإحكام الزنق (الشد).

---

451. حَلجْ 451. ginning

في معاملة الأقطان مصطلح يطلق على فصل النسالة (الشعر = الزغب) عن بذرة القطن. يتم ذلك بآلات خاصة تدعى المحالج.

452. حمض الستريك	452. citric acid

هو حمض الليمون. يستخدم في صناعة المشروبات المكربنة والمربيات والجيلي وأطعمة أخرى والصناعات الطبية.

453، حمض الكبريتيك	453. sulphuric acid

يستخدم في صناعة الأسمدة كالسوبر فوسفات وكبريتات الأمونيوم ينتج من الكبريت الطبيعي أو المستخرج من الغازات الصناعية.

454. الحِمْل	454. load

1. الثقل أو الجسم الذي ترفعه الآلة أو تسحبه أو تديره.

2. القدرة المستمدة من ماكنة أو آلة كهربائية.

455. الحِملْ الأقصى	455. peak load

في الآلات والمعدات الزراعية حمل آمن يمكن تحميل الآلات أو المعدات أو أجزائها به من دون حدوث فشل.

456. حمل النهر	456. river load

مجموع المواد التي تحملها مياه النهر.

457. حمى	457. fever

حالة مرضية، فيها ترتفع درجة حرارة الجسم، وهي حالات معدية في الغالب، تصيب الأسنان والحيوان.

458. basin	458. حوض

مُصطلح عام يطلق على أي فجوة في قشرة الأرض، كحوض المياه مثلاً، حوض النهر، حوض البحيرة... الخ

459. catchment area	459. حوض استجماع

حوض لاستجماع المياه المنصرفة من نهر رئيس ومجاريه الفرعية.

460. water trough	460. حوض المياه (المسقاة)

في مزارع تربية الحيوان، حوض يستخدم لسقي الماشية والحيوانات الداجنة يملأ بالمضخات اليدوية أو الآلية على نحو متواصل (★).

حوض المياه (مسقاة) water trough

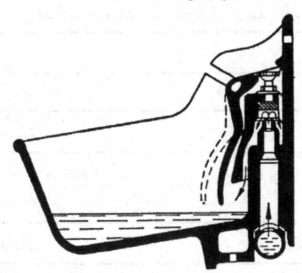

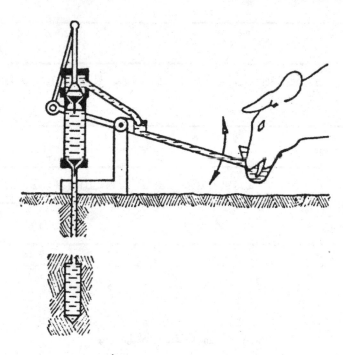

الشكل رقم (107) : تصميمات مختلفة لأحواض المياه

| 461. holding | 461. حيازة |

الزمام المملوك من الأرض.

| 462. livestock | 462. حيوانات المزرعة |

كافة الحيوانات الداجنة (الماشية والدواب والدواجن) التي ترعى أو يربيها الفلاح في داره / أو المزرعة لإغراض غذائه أو لإغراض تجارية.

| 463. breeding stock | 463. حيوانات تربية |

وهي الماشية والإبل والأغنام والدواجن. وقد تقسم من حيث الغرض من تربيتها الى حيوانات للحلب (البقر والغنم) وحيوانات للتسمين (العجول) وأخرى للتخصيب (الثيران).

464. حيوان جر | **464. draught animal**

الحيوانات التي تستخدم (في أساليب المزرعة البدائية) في جر المعدات الزراعية ــ كالمحاريث والأمشاط وآلات التسوية والمقطورات (العربات) وفي إدارة بعض المعدات كالنواعير مثلاً وحيوانات الجر (الإبل، الحمير والبغال والثيران).

حرف الخاء

465. key	465. خابور

هو ما يولج بين جزأين مكنيين لتوصيلهما معاً ونقل عزم الدوران من أحدهما الى الآخر (★).

خابور key

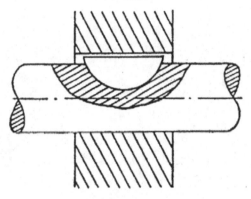

الشكل رقم (108) : خابور من النوع القرصي

466. capillarity	466. الخاصية الشعرية

مقدرة السوائل على الارتفاع في الأنابيب الشعرية فوق مستوى السائل الموجود خارجها في الأوعيـة الشعرية ويعزى ارتفاع الماء في التربة الزراعية وفي جذور النباتات وسوقها، في جانب منـه، الى الخاصيـة الشعرية.

467. peat	467. خث

بقايا النباتات المتحللة التي تراكمت من فترة زمنية طويلة. يميل لونه إلى البنـي الـداكن. يسـتخدم بعد تجفيفه كسماد.

---

468. scarifying	468. الخدش

في معاملة المحاصيل الحبية، عملية تجري على بعض الحبوب (بعد تقشير أغلفتها) لتمكينها من امتصاص الماء بسهولة وتعجيل إنباتها.

469. reservoir	469. خزان

في أعمال الري، منشأ يقام لتخزين المياه وتوزيعها وتنظيم تدفقها. وتوليد القوى الكهربائية بالاستفادة من منسوبها.

470. detention basin	470. خزان احتجاز

خزان مزود بفتحات للتحكم في الفيضانات ومنع تدميرها وإغراق الأراضي.

471. septic tank	471. خزان تحليل

في نظام الصرف الصحي بالمزرعة، خزان أرضي فيه تتحلل المخلفات والفضلات بفعل البكتريا، فتترسب منها المواد الثقيلة، وتطفو السوائل التي يسهل صرفها.

472. impounding reservoir	472. خزان حجز

خزان كبير تحتجز فيه المياه من فصل الأمطار الى فصل الجفاف.

473. fertility	473. خصوبة

1. في الأراضي الزراعية، مقدرة التربة على الإنتاج بوفرة وجودة.

2. في الحيوانات، القدرة على التناسل والتكاثر.

3. في النباتات القدرة على الانقسام والتكاثر والإثمار.

---

474. natural vegetation | 474. الخضرة الطبيعية

الغطاء الأخضر الطبيعي للأرض، الذي ينبت وينمو من دون تدخل الإنسان على نحو مباشر أو غـير مباشر.

---

475. singling (thinning) | 475. خف (تخليص)

اقتلاع عدد معين من شتلات المحصول النامي في بدء نمـوه، لإتاحـة الفرصـة أمـام بقيـة المحصول للنمو الصحيح. مازالت هذه العملية تجري يدوياً أو يدوياً بمساعدة عربة تتحرك بـين الصـفوف المزروعة لمساعدة العامل على أنجاز العمل يدوياً.

---

476. Rape | 476. الخردل

نبات سريع النمو يشبه الشلغم إلى حد بعيد، غير أنه لا تتكون بـه درنـات. ويـزرع أساسـاً كعلـف للحيوانات، أو لاستخراج الزيت النباتي من بذوره واستخدامه كمطيب طعام.

---

477. seed row | 477. خط البذور

خط أو أخدود أو نقر في الأرض فيه تزرع البذور بنظام محدد.

---

478. pipe line | 478. خط أنابيب

شبكة من الأنابيب تستخدم لنقل الماء والسوائل الأخرى بشكل حر أو تحت ضـغط، ويكـون مـن المعدن أو الاسمنت.

---

479. hybrid | 479. خلاسي (هجين)

في تربية الحيوان أو النبات، مصطلح يطلق على نتاج التهجين بين نوعين مختلفين. يكـون الخـلاسي في الغالب عقيماً، غير انه قد ينتج من تهجين نوعين معينين منهما ذرية خصيبة.

| 480. mixer | 480. خلاط |

في الصناعات الغذائية، ماكينة أو آلة تستخدم لخلط المواد ومزجها بمساعدة قلابات مروحية أو مجدافية.

| 481. feed mixer | 481. خلاط العلف |

في تجهيز الأعلاف، جهاز لخلط وتجنيس الأعلاف الجافة كالردة (النخالة) والكسبة والذرة مثلاً لتكوين عليقه (★).

خلاط للعلف feed mixer (iodder mixer)

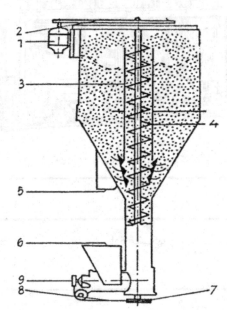

الشكل رقم (109) : خلاط علف جاف من النوع الرأسي

1. موتور كهربائي	5. فتحة تصريف
2، 8. سير	6. حوض إضافة المواد الخام
3. حلزون (بريمة) رفع	7. بكرة (طارة)
4. ماسورة خلط	9. بريمة سحب

482. batch mixer	482. خلاط مزج

نوع من خلاطات العلف لطحن المواد العلفية وخلطها وكبسها لإنتاج إشكال معينة متجانسة
(★).

خلاط مزج batch mixer

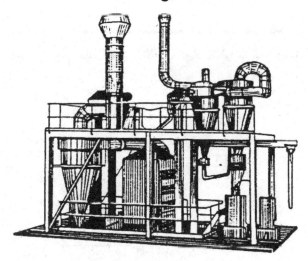

الشكل رقم (110) : وحدة خلط ومزج وكبس متكاملة

483. marling	483. الخلط بالمرْل

إضافة المرْل أو الطين الى التربة الرملية لزيادة تماسكها ومقدرتها على الاحتفاظ بالماء ومقاومة

التصحر.

484. yeast	484. خمائر

نباتات وحيدة الخلية لا تحتوي على الكلوروفيل وتتكاثر بالتبرعم. تشمل العفن وبعض الفطر

تستخدم في الصناعات الغذائية وخاصة في إنتاج الخبز والمنتجات الكحولية بالاستفادة من المواد السكرية.

حرف الدال

---

485. humus	485. دبال

مادة عضوية غروية، سوداء أو بنية، تنشأ من تحلل المواد النباتية أو الحيوانية وتشكل الجزء العضوي من التربة، لتمكنها من امتصاص الماء والاحتفاظ به بسعة مسامات التربة. ويعد الدبال مصدرا للغذاء بالنسبة للكائنات الدقيقة الحية الضرورية لنمو النبات.

---

486. income	486. الدخل

في الاقتصاد الزراعي و صافي قيمة المنتجات والسلع والخدمات التي يساهم بها القطاع الزراعي في الدخل القومي الأجمالي.

---

487. millet	487. الدخن

نبات (محصول) حبي و يطلق عليه اسم (رز الفقراء) مع أنه يتفوق عليه من حيث قيمته الغذائية. يستخدم كعلف للحيوانات، وخاصة الدواجن والطيور، وفي بعض البلاد الغنية كمحصول تسميد الأرض وزيادة خصوبتها وتتم زراعته بنثر البذور في الأرض فقط (بدون الحاجة الى الحراثة).

---

488. D.D.T	488. د. د. ت

اختصار لمركب كيميائي سام يستخدم (سابقاً) كمحلول لمكافحة الحشرات الزراعية. تم تحريمه مؤخراً لأنه ينتقل مع الإعشاب الى أجسام الحيوانات عند الرعي، والطيور والأسماك ومنها الى الإنسان فيتسبب في حالات صحية خطرة.

489. threshing	489. دراس وتذرية

في الزراعة يطلق على عملية استخلاص حبوب المحاصيل المحصودة من سنابلها أو أغلفتها بالفرك أو الضغط باستخدام المضارب.

490. degree of saturation	490. درجة التشبع

في التربة، النسبة المئوية لحجم الفراغات المملوءة بالمياه الى الحجم الكلي للفراغات الموجودة بين حبيبات التربة.

491. canning stage	491. درجة التعليب

في الصناعات الغذائية، وتعليب الأغذية، مصطلح يطلق على درجة النضج المثلى للمحاصيل الحبية أو البقلية (اكتمال نموها) رغم كونها صغيرة الحجم وترتفع فيها نسبة السكر وتقل نسبة النشأ.

492. normal temperature and pressure	492. درجة الحرارة والضغط المعياريين

درجة حرارة الصفر المئوية، وضغط مقداره 760 مم من الزئبق. تُراعى هذه الحالة عند تسجيل كثير من القياسات وقراءات أجهزة القياس (كالكثافة مثلاً).

493. mature green	493. درجة النضج الأخضر

في حصد المحاصيل، مصطلح يطلق على الموعد المناسب لحصادها، وفقاً للغرض من استخدامها. في المحاصيل هي درجة النضج ألثمري، وبالنسبة للفواكه أو الخضر قد يكون ذلك قبل النضج التام لإعطاء فرصة للتسويق (إتمام النضج بعد القطف).

494. دريس (تبن) | **494. hay**

مصطلح يطلق على ما يجري حشه من الحشائش والبرسيم وغيرها، ثم يجفف ليستخدم علفاً للماشية، أو على محاصيل أخرى بعد جفافها كالبقول مثلاً لتغذيةالحيوانات.

495. دَعمْ | **495. subsidy**

في الإنتاج الزراعي، منحة مالية تقدمها الحكومة للمزارعين (أو مصنعي المنتجات الزراعية) لمعاونتهم على مجابهة تكاليف زراعة المحاصيل الأساسية أو تصنيعها بهدف تخفيض أسعار بيعها في الأسواق لمنافسة السلع المثيلة المستوردة.

496. دغل (أدغال) | **496. jungle**

مصطلح يطلق على الغابة الاستوائية الكثيفة.

497. دكْسروز | **497. dextrose**

الاسم الكيميائي للشد الذي يمكن الحصول عليه من الفواكه الحلوة يستخدم في صناعة المواد الغذائية والتبغ والمستحضرات الطبية.

498. دلتا | **498. delta**

المساحة المنبسطة من أرض محصورة بين فرعي نهر ما يصب في بحر مالح أو بحيرة، وتتميز بما يترسب فيها من غرين وطمي يحملهما النهر نتيجة انخفاض سرعة جريانه عند التقائه بمياه البحر المالحة (مثل دلتا النيل الذي يشبه شكله الحرف الإغريقي [دلتا]).

499. الدهنيات | **499. fats**

مواد غذائية تستمد من مصادر حيوانية أو نباتية (مواد كربوهيدراتية).

500. poultry	500. الدواجن

الطيور الداجنة التي تجري تربيتها في المزارع أو البيوت للحصول على بيضها أو لحمها، كالـدجاج والبط والوز وغيرها (★).

الدواجن poultry

الشكل رقم (111) : منظر من الخارج لإحدى المزارع الحديثة لتربية الدواجن

الشكل رقم (112) : منظر من الداخل لإحدى حظائر تربية الديوك الرومية

501. combustion cycle	501. دورة الاحتراق

في محركات الاحتراق الداخلي، دورة ثنائية الأشواط، أو رباعية الأشواط فيها يتحرك المكبس بين نقطتين ميتتين السفلى والعليا لأداء عمليات سحب خليط الوقود والهواء، وضغطه وحرقه، ثم طرد العادم منه (بعد الاستفادة من الشغل المبذول)، وفقاً لتوقيتات دقيقة يمكن التحكم بها (★).

وهناك دورة رباعية الاشواط four stroke recycle.

ودورة ثنائية الاشواط tow – stroke cycle.

دورة الاحتراق (دورة الإشعال) combustion

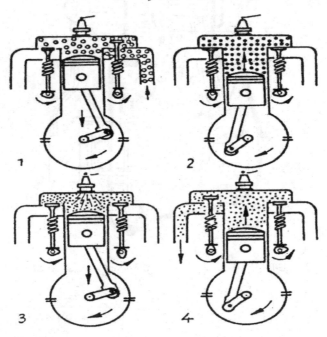

الشكل رقم (113) : دورة احتراق رباعية الأشواط في محرك بنزين

1. الشوط الأول، السحب   3. الشوط الثالث، التمدد (أداء الشغل)

2. الشوط الثاني، الانضغاط   4. الشوط الرابع، العادم

502. lubrication system — 502. دورة التزييت

في محركات الاحتراق الداخلي، دورة يجري فيها إمداد الأجزاء المتحركة بطبقة رقيقة من الزيت تمنع حدوث احتكاك جاف بينها، فضلاً عن مساهمته في تبريد هذه الأجزاء وكذلك غسلها من العالق بها من أتربة وجذاذات معدنية (برادة) (★).

دورة التزييت   lubricaton system

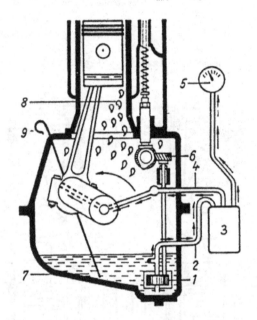

الشكل رقم (114) : دورة تزييت جبري بمحرك احتراق داخلي

6. وحدة إدارة المضخة	1. مضخة بالزيت
7. زيت التزييت	2. ماسورة إمداد مرشح الزيت
8. ترشاش الزيت	3. مرشح الزيت
9. عصا قياس مستوى الزيت	4. ماسورة إمداد مواضع التزييت
	5. مبين ضغط الزيت

---

503. suphur cycle

503. دورة الكبريت

يوجد الكبريت في المادة العضوية على هيئة كبريت بروتيني، ولا يمكن للنبات استعماله إلا بعد تحويله الى كبريتات. تقوم بعض الكائنات الحية في التربة بهذه العملية، فتحول الكبريت البروتيني إلى كبريتيد الهيدروجين الذي يتأكسد إلى حامض الكبريتيك ويتحد مع معادن محلول التربة مكوناً ملحاً. كما تغسل الأمطار الكبريت الموجود في الجو، وتحمله إلى التربة، حيث يتأكسد فيها ويتحد مع الماء الموجود بها مكوناً حامض الكبريتيك.

---

504. carbon cycle

504. دورة الكربون

دورة تحدث للكربون في الطبيعة، تبدأ عندما تأخذه النباتات من الجو في عملية التركيب الضوئي، وتنتهي بإعادته إليه بواسطة الحيوانات عن طريق التفاعل الحيوي والتحلل. الكربون يوجد في المواد العضوية (كالسيليلوز والنشا والسكريات) حيث تقوم الكائنات الحية الدقيقة بأجراء عملية التخمر فيها مكونة ثاني أوكسيد الكربون الذي تمتصه النباتات فيتحد مع الماء الموجود بها، وعندما تتعرض النباتات لضياء الشمس فأنها تكون النشا والسكريات مرة أخرى.

---

505. nitrogen cycle

505. دورة النتروجين

دورة فيها يجرى استخلاص النتروجين من الهواء الجوي، ثم إعادته إليه بعد المرور بعدة مراحل، إذ يتحول نتروجين الهواء بفعل البكتريا إلى حامض النيتريك، الذي يتفاعل مع المواد الأساسية في التربة الزراعية مكوناً مركبات نترو جينية يستخدمها النبات في بناء أنسجته الحية، وتتحول فيها إلى بروتينات مفيدة تتغذى بها الحيوانات. وفي التربة نوع آخر من البكتريا يحلل بعض المركبات النتروجينية لينطلق منها نتروجين حر تفقده التربة ويعود الى الهواء لتكتمل الدورة (★).

دورة النتروجين nitrogen cycle

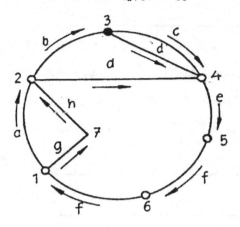

الشكل رقم (115) : رسم تخطيطي لدورة النتروجين في الطبيعة

a. نمو النباتات	1. نترات
b. نمو الحيوانات	2. بروتينات نباتية
c. الإخراج	3. بروتينات حيوانية
d. الموت	4. مادة عضوية بائدة
e. التعفن (التحلل)	5. أمونيا
f. الأكسدة	6. نتريدات
g. تحلل النترات	7. نتروجين حر
h. تثبيت النتروجين	

---

506. دورة الوقود   506. fuel system

في محركات الاحتراق الداخلي، دورة للإمداد بالوقود (البنزين والديزل) تعمل على إمـداد المغـذي (الكابورايتر)، أو مضخة الوقود (مضخة الضخ) بالكميات المضبوطة، وفي التوقيتـات المناسبة التـي يمكـن التحكم فيها (★).

دورة الوقود fuel system

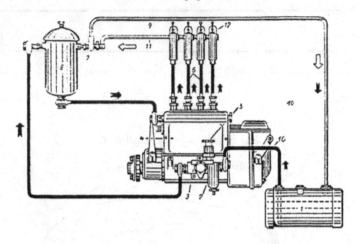

الشكل رقم (116) : دورة الوقود بمحرك ديزل

1. خزان الوقود
2. المرشح الابتدائي
3. مضخة التغذية بالوقود
4. مضخة الحقن
5. المضخة اليدوية (مضخة التحضير)
6. أنابيب الضغط العالي المؤدية إلى فوهات الحقن
7. الصمام الفائق
8. المرشح الرئيسي
9. ماسورة الفائق (الرجوع)
10. ماسورة السحب (مسار الوقود)
11. ماسورة فائض فوهات الحقن
12. فوهات الحقن

507. دورة محصولية — 507. crop rotation

نظام للتتابع والمناوبة بين المحاصيل التي تزرع في الحقل الواحد بترتيب معين، لإراحة التربة والمحافظة على خصوبتها، والحصول منها على أقصى غلة ممكنة، فضلاً عن إنتاج الأغذية للإنسان والعلف للحيوان بالتناوب وهي دورات ثلاثية ورباعية وخماسية، أو أكثر حسب تعاقب المحاصيل في فترات زمنية محددة حسب الظروف المزرعية.

508. hydrological cycle	508. الدورة الهيدرولوجية

عملية انتقال المياه من البحر إلى الأرض ثم عودتها من الأرض إلى البحر على نحو مستمر لا ينتهي وفق نظام محدد (★).

الدورة الهيدرولوجية (الدورة المائية)

hydrological cycle (water cycle)

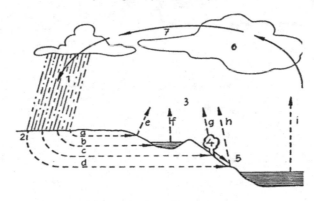

الشكل رقم (117) : الدورة المائية في الطبيعة

b. إلى البحيرات	a. إلى التربة
c. إلى النباتات	1. أمطار
d. إلى المجاري المائية	2. تسرب
e. من التربة	3. بخر
f. من البحيرات	4. نتح
g. من النباتات	5. نز
h. من المجاري المائية	6. تكثف
i. من البحر	7. تيارات هوائية

509. diastase	509. دياستاز

إنزيم يوجد في الحيوانات أو النباتات، يقوم (في عملية الهضم) بتحويل النشا إلى سكر.

حرف الذال

510. ذاتي التغذية	510. autotrophic

في العلوم البيولوجية، الكائنات الحية التي تتغذى ذاتياً هي النباتات وبعض أنواع البكتريا مثلاً.

511. الذرة	511. corn

محصول حبي وغذاء أساس للإنسان وعلف للحيوانات ويدخل في عدد من الصناعات الغذائية.

512. الذرة الرفيعة	512. sorghum

نبات كالذرة ويستخرج من بعض أنواعه عصير سكري.

حرف الراء

513. sediment	513. راسب

مادة طينية أو غرينية تتكون بفعل التآكل وتحملها المياه من مصـادرها الصـخرية أو العضـوية أو البركانية حيث تستقر في قنوات الري ومجاري المياه.

514. tributary	514. رافد

مجرى مائي يصب في مجرى مائي آخر أكبر منه، أو في بحيرة.

515. lever	515. رافعة

مصطلح يطلق على أي قضيب يتحرك حول نقطة ثابتة يرتكز عليها (محور الارتكاز)، وتؤثر القـوة عند أحد طرفيه الذي يبعد عن محور الارتكاز مسافة ما (ذراع القوة)، بينما تؤثر المقاومـة عنـد الطـرف الآخر الذي يبعد عن محور الارتكاز مسافة أخرى، بحيث تربط بينهما الصيغة المعروفة:

القوة × ذراعها = المقاومة × ذراعها

516. crop lifter	516. رافعة المحاصيل

في آلات الحصاد، جزء ممتد يركب في مقدمة قضيب الحصد، يعمل على رفع المحاصيل المائلـة أو الراقدة على الأرض عند حصادها مما يساعد على قطفها (★).

رافعة المحاصيل crop lifter

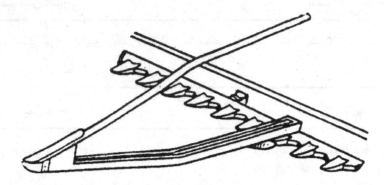

الشكل رقم (118) : رافعة محاصيل مركبة في مقدمة قضيب الحصد

517. fork lift	517. رافعة بشوكة

مركبة ذاتية الحركة، بها شوكة تمتد إلى خارجها، ويمكنها رفع وتحريك ونقل وتصفيف المنتجات والعبوات والطرود والبضائع على ارتفاعات معينة .

518. crop loader	518. رافعة تحميل محاصيل

من المعدات الزراعية المختصة بلقط المحاصيل المكومة بعد حصدها في أكوام أو حزم أو بالات، وتحميلها في وسائل النقل وهي تناسب أساساً محاصيل العلف.

519. hydraulic lift	519. رافعة هيدرولية

ترتيبة آلية تزود بها الجرارات الزراعية لرفع أو خفض الأحمال، تعمل بطريقة هيدرولية وتستمد حركتها من الجرار.

520. cartography	520. رسم الخرائط

أسلوب لنقل وإسقاط المسطحات والمنشآت الأخرى، من الطبيعة، على ورق أو لوحات رسم، بمقياس رسم مناسب.

| 521. dispersion diagram | 521. رسم بياني التوزيع |

رسم بياني يوضح توزيع الأمطار في فترات زمنية محددة (شهر أو سنة) بشكل نقاط تبدأ بالصفر وتنتهي بأقصى مقدار يبلغه التهطل (سقوط المطر).

| 522. climograph | 522. رسم بياني مناخي |

رسم بياني يبين العلاقة بين عاملين مناخيين، كدرجة الحرارة والتهطل(سقوط المطر) مثلاً، في منطقة معينة.

| 523. spraying | 523. رش |

1. في مكافحة الآفات الزراعية ــ عملية رش المبيدات لمكافحة الحشائش والآفات.

2. في معاملة أو معالجة المحاصيل والثمار وأوراق النباتات ــ هو عملية رش المحاليل الكيميائية لإغراض التغذية أو المكافحة، أو منع التساقط أو تخفيف الثمار، أو الأعداد للجني (إزالة أوراق القطن).

| 524. aerial spraying | 524. رش جوي |

أسلوب لمكافحة الآفات الزراعية في المساحات الشاسعة باستخدام الطائرات.

| 525. humidity | 525. الرطوبة |

أحد مؤشرات حالة الطقس ومعرفة كمية بخار الماء الموجودة في الهواء الجوي وهي مطلقة أو نسبية وتقاس بجهاز " الهيجرومتر ".

1. الرطوبة المطلقة absolute humidity: كمية بخار الماء في الهواء وهي مؤشر لاحتمالات هطول الأمطار.

2. الرطوبة النسبية relative humidity: وهي النسبة بين كمية بخار الماء الموجودة في أي حجم من الهواء وبين الكمية اللازمة منه لتشبيع نفس الحجم من الهواء.

526. specific humidity	526. الرطوبة النوعية

النسبة بين وزن بخار الماء وبين الوزن الكلي لحجم الهواء الذي يحتويه.

527. zero - grazing	527. رعي بدون مراع

أسلوب في الرعي وتربية الماشية، فيه يتم تزويد الماشية يوميا، وهي في حظائرها، بغذاء مكون من حشائش وأعشاب طازجة ذات قيمة غذائية عالية وذلك لخفض تكاليف التربية.

528. detritus	528. ركام

مادة طينية أو غرينية تتكون بفعل عوامل التعرية وتحملها الأنهار ومجاري المياه.

529. sand	529. رمل

أحد العناصر المكونة للتربة، إذا احتوت التربة منه على أكثر من 90% فإنها تسمى تربة رملية.

530. backwater	530. الرُموّ

وهي مياه مرتدة (مجوزة) بسبب وجود عائق أو بفعل مدٍ عالٍ.

531. alluvial deposits	531. رواسب غرينية

مواد غرينية تفيد في تحسين التربة الزراعية وزيادة خصوبتها. وهي تترسب بفعل حركة جريان المياه.

532. irrigation	532. الري

توصيل المياه بطرق طبيعية أو صناعية، إلى التربة (الأراضي) الزراعية، وتوزيعها عليها توزيعا يسد حاجتها وحاجة المزروعات منها، وذلك من مصادر المياه المختلفة.

| 533. drop irrigation | 533. ري بالتنقيط |

أسلوب للري يتم استخدام أنابيب فيها فوهات على مسافات منتظمة تـنقط في مواضع مناسبة للنباتات المزروعة. يناسب هذا الأسلوب الأراضي ذات الطبوغرافيـة غير المنتظمـة، كمـا أنـه يقلـل بشـكل ملحوظ الفقد في المياه (★).

ري بالتنقيط drop irrigation

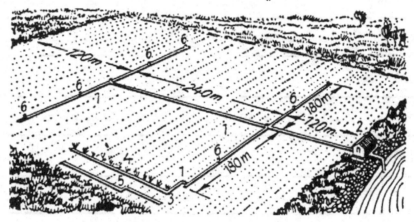

الشكل رقم (119) : شبكة للري بالتنقيط في أحد الحقول

1. خط أنابيب من الأسبستوس والأسمنت   3، 5. خط الفوهات

2. وحدة ضخ   4، 6. فوهات التنقيط

---

534. ري بالخطوط   . furrow irrigation534

أسلوب للري عن طريق الأخاديد (المروز)، يناسب المحاصيل المروزية مثل الذرة. ويتميز عن الـري بالغمر في أنه لا يبلل إلا حوالي 20 – 50 % من المساحة السطحية ويقلل من الفقد الذي يحدث بالتبخر.

---

535. ري بالرش   535. spray irrigation

أسلوب من أساليب الري، يتم فيه إيصال المـاء الى التربـة عـلى هيئـة رذاذ يشبه المطر الخفيـف بواسطة معدات خاصة كالرشاشات الثابتة والمتنقلة (★) .

ري بالرش   spray irrigation

الشكل رقم (120) : فوهة الرش في نظام ثابت للري بالرش

536. flood irrigation	536. ري بالغمر (ألواح)

أسلوب لري الأراضي الزراعية بغمرها بالماء بعد إعدادها بشكل ألواح. يحتاج هذا الأسلوب الى تعديل التربة ولتقليل الفاقد بسبب عدم انتظام توزيع الماء.

537. pomp irrigation	537. ري بالمضخات

يتم الري بالاستعانة بالمضخات لرفع الماء إلى مستوى الحقل من مصادره المختلفة مثل الأنهار والآبار.

538. broad irrigation	538. ري بمياه الصرف الصحي

طريقة ري تناسب الأراضي الرملية نظراً لمساميتها وقدرتها على ترشيح المياه. ويراعى تسوية التربة بصورة جيدة، وأن تتم معالجة مياه الصرف الصحي.

539. subsurface irrigation	539. ري تحت سطحي

أسلوب ري يتبع في الأراضي الرديئة المسامية.

540. groundwater irrigation	540. ري جوفي

ري يتم باستخدام المياه التي تجرى في جوف الارض كمياه العيون والآبار.

541. basin irrigation	541. ري حوضي

أسلوب ري بالغمر بعد تقسيم الأرض إلى ألواح.

542. surface irrigation	542. ري سطحي

أسلوب ري باستخدام الألواح أو الأخاديد.

543. perennial irrigation	543. ري مستديم

ري يعتمد توفير المياه في جميع فصول السنة وحسب حاجة النباتات وتوزيعها عـلى الأرض بنظـام المناوبة.

544. sirocco	544. الريح الشرقية

ريح تهب من جهة الشرق وهي حارة عادة.

545. monsoon	545. ريح موسمية

ريح تصحبها عادة أمطار غزيرة ترتبط بموسم معين.

حرف الزاء

---

546. cacao butter

546. زبدة الكاكاو

زبدة تستخلص من حبوب الكاكاو.

---

547. farming

547.الزراعة (الفلاحة)

نشاط يتناول فلاحة الأراضي واستغلالها.

---

548. rice farming

548. زراعة الرز

فرع من فروع الزراعة يختص بمحصول الرز.

---

549. orchard farming

549. زراعة الأشجار المثمرة

فرع من فروع الزراعة يختص بالاشجار المثمرة (البستنة).

---

550. shifting cultivation

550. زراعة التراحيل

أسلوب في الزراعة يعتمد على إخلاء وتنظيف رقعة من الأرض وزراعتها عدد من المرات إلى أن تستنفذ خصوبتها. فيهجرها المزارعون إلى رقعة أخرى جديدة وهو أسلوب خاطئ.

---

551. vegetable growing

551. زراعة الخضراوات

نوع من النشاط الزراعي مختص بالخضراوات.

---

552. cotton farming

552. زراعة القطن

نشاط زراعي يختص بزراعة القطن.

| 553. wheat farming | 553. زراعة القمح |

نشاط زراعي يختص بزراعة القمح.

| 554. viniculture | 554. زراعة الكروم |

نشاط زراعي يهتم بتربية الكروم لأغراض إنتاجية.

| 555. monoculture | 555. زراعة المحصول الواحد |

أسلوب في الزراعة يهتم بزراعة محصول واحد، في أرض خاصة على نطاق واسع. قد يسبب هذا الأسلوب في إفقار التربة لخصوبتها أو يتعرض المحصول للمضاربة وانخفاض الأسعار.

| 556. ley farming | 556. زراعة المراعي |

مصطلح يقصد به زراعة المراعي الاصطناعية، أي غير الطبيعية المستديمة، حيث تزرع الحشائش للانتفاع بها كغذاء أخضر طازج ترعى عليه الحيوانات ضمن دورة زراعية.

| 557. hill farming | 557. زراعة المرتفعات |

زراعة المرتفعات كمراعي للأغنام أو الماعز.

| 558. extensive agriculture | 558. زراعة انتشارية |

أسلوب في الزراعة يتناول زراعة مساحات شاسعة من الأرض بأقل جهد(تكلفة) اعتماداً على وسائل المكننة الزراعية وتشغيل أقل عدد من العاملين. قد تكون الإنتاجية منخفضة بالنسبة للمساحة، غير أن الإنتاج الإجمالي والإنتاج بالنسبة للفرد مرتفعان.

559. share eropping — **559. زراعة بالمشاركة**

أسلوب في الزراعة (في نظم تأجير الأراضي) فيه يلزم المؤجر (صاحب الأرض) بإمداد المستأجر بالبذور والأسمدة والمستلزمات الأخرى، في حين يلتزم المستأجر بتوريد جزء من أو نسبة من المحاصيل والمنتجات كمقابل إيجار.

560. market gardening — **560. زراعة تسويقية**

أسلوب في الزراعة يهتم بزراعة الفواكه والخضراوات والزهور على نطاق واسع لتسويقها تجارياً.

561. collective farming — **561. زراعة تعاونية**

أسلوب في الزراعة، فيه يتجمع عدد من الحيازات الزراعية الصغيرة لتكوين وحدة زراعية كبيرة تمارس فيها الزراعة بموجب نظام تعاوني لتقليل التكاليف.

562. collective aerial farming — **562. زراعة جوية تعاونية**

أسلوب تعاوني حديث باستخدام الطائرات للقيام بالإعمال الزراعية الممكنة من الجو في الحقول والغابات الواسعة.

563. basin cultivation — **563. زراعة حوضية**

أسلوب في الزراعة يساعد على منع أو تقليل التعرية التي قد تحدث بفعل الإمطار الغزيرة.وفقاً لهذا الأسلوب يقسم الحقل إلى أحواض تفصلها عن بعضها البعض متون(بتون) حيث يتجمع الماء فيها فترة من الزمن قبل أن تتسرب ببطء في باطن الأرض.

564. sugar – cane farming — **564. زراعة قصب السكر**

فرع من النشاط الزراعي يهتم بزراعة قصب السكر.

565. زراعة كفاف	565. subsistance farming

هي زراعة من أجل البقاء في ارض محددة المساحة في حيازة شخص (أو اسرة) يكفي أنتاجها لمعيشتهم فقط.

566. زراعة كنتورية	566. contour farming

أسلوب في الزراعة يتناول فلاحة الأرض المرتفعة المنحدرة، وأعدادها بشكل يسمح بوجود مسطحات تساير الخطوط الكنتورية الموحدة المستوى، ثم زراعة هذه المسطحات المدرجة. يقلل هذا الأسلوب فقدان الماء وتأكل التربة ويحسن إنتاجية الأرض.

567. زراعة مائية	567. hydroponiecs

أسلوب خاص في الزراعة لإنبات بعض المحاصيل الزراعية على الماء دون استعمال التربة، مع إضافة مركبات كيميائية تحوي جميع العناصر الضرورية لحياة النبات. يزرع النبات في أحواض مليئة بالحصى- والرمل وتزود بالمحاليل على نحو مستمر.وتتميز هذه الزراعة بإنتاجها أضعاف ما تنتجه نفس المساحة من الأرض عند زراعة الطماطة (البندورة) والخيار.

568. زوبعة	568. cyclone

عاصفة شديدة، تكون على هيئة دوامة يصحبها لعدة أيام متتالية طقس مطير وسحب ورياح تبلغ سرعتها 120 كم في الساعة وتسمى أحيانا منخفض جوي.

569. زيت الخروع	569. castor oil

زيت يستخلص من بذور الخروع لاغراض طبية.

570. زيت بذرة الكتان	570. linseed oil

زيت يستخلص من بذر نبات الكتان لأغراض الأطعمة والأدوية وأغراض صناعية أخرى.

| 571. cottonseed oil | 571. زيت بذرة القطن |

زيت يستخلص من بذرة القطن كمادة غذائية.

| 572. coconut oil | 572. زيت جوز الهند |

زيت يستخلص من جوز الهند يستخدم في الصناعات الغذائية.

| 573. soya bean oil | 573. زيت فول الصويا |

زيت يستخلص من فول الصويا يستخدم في صناعات غذائية.

| 574. cod- liver oil | 574. زيت كبد الحوت |

زيت يستخلص من أكباد الحيتان لصناعة الأدوية.

| 575. vegetable oil | 575. زيت نباتي |

زيوت تستخلص من اصل نباتي مثل الذرة.

| 576. olive | 576. الزيتون |

ثمرة نباتية يؤكل لحمها ويستخدم زيتها في الأطعمة.

| 577. zymase | 577. زيماس |

نوع من الأنزيمات توجد في الخميرة وتستخدم في تحويل السكر الى كحول.

| 578. essential oil | 578. زيوت عطرية |

زيوت غير قابلة للذوبان في الماء، تستخلص من نباتات عطرية لصناعة العطور والمواد التي تبعـث نكهة عند إضافتها لبعض الأغذية.

| 579. hydrogenated oils | 579. زيوت مهدرجة |

في الصناعات الغذائية، زيوت معالجة بالهيدروجين وعوامل مساعدة لتحويلها الى منتجات غذائية.

حرف السين

580. sakiyeh	580. ساقية

آلة لرفع الماء من الأنهار لإغراض الري (★).

الشكل رقم (121) : منظر عام لساقية يديرها جمل

581. trough chain conveyer	581. ساقية نقل الحبوب

ترتيبة نقل بدلاء تدور كالساقية تستمد حركتها من محرك كهربائي، يستخدم في نقل الحبوب الى مكان مرتفع (★).

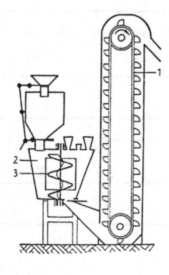

الشكل رقم (122)

ترتيبة نقل الحبوب

1. ساقية نقل الحبوب (ناقة رأسية بدلاء)
2. قادوس
3. حلزون (بريمة)

582. cloud | .582 سحابة

السحابة بخار الماء المكثف والسابح في الهواء فوق الأرض.

583. dam | .583 سد

بناء مقام عبر مجرى مائي لتخزين المياه واستغلالها:

1. سد بنائي gravity dam.

2. سد ترابي earth dam.

3. سد عقدي arch dam.

4. سد تحويل لتحويل المياه الى قنوات أخرى diversion dam.

584. field capacity | .584 سعة حقلية

المحتوى المائي في التربة الذي يبقى فيها بعد أن يتم صرفها صرفاً طبيعياً. ويعبر عن السعة الحقلية بالمليمترات، أو كنسبة مئوية من المياه المحتواة في وحدة كتلة التربة.

585. freezer vassel | .585 سفينة صيد وتجميد

سفينة أو قارب تعمل بمثابة مصنع عائم يقوم بتجهيز الأسماك (من فرز وتنظيف وتعبئة) ثم تجميدها.

586. saccharin | .586 سكرين

في الأطعمة والصناعات الغذائية، بديل للسكر تزيد حلاوته على حلاوة السكر 500 مرة ويحضر على شكل مسحوق أو حبوب.

587. coulter | .587 السكين

في المحراث سكين عادي أو قرصي يقوم بشق التربة أمام بدن المحراث ويقطع الحشائش مما يساعد البدن على قلب التربة.

588. share	588. السلاح

في المحراث، جزء معدني مثلث الشكل مدبب الطرف يقوم بشق التربة ويساعد على عمل قطوعات أفقية كبيرة تحت السطح.

589. race	589. سلالة

مصطلح يطلق على الأصل المتميز تماماً من نوع الحيوان أو النبات. ويعتقد أن السلالات امتزجت وضاعت النقاوة.

590. capital goods	590. سلع استثمارية

المعدات والمباني والمواد الخام التي تستخدم لإنتاج سلع أخرى.

591. consumer goods	591. سلع استهلاكية

السلع والمنتجات القصد منها إشباع حاجات الإنسان.

592. producer goods	592. سلع وسيطة

السلع التي تستخدم لإنتاج غيرها من السلع مثل خيوط القطن في الصناعات النسيجية.

593. silo	593. سايلو(سلوة ـ صومعة)

برج مرتفع اسطواني الشكل يستخدم لحفظ الحبوب (★).

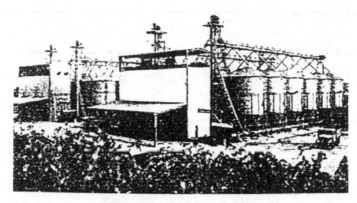

الشكل رقم (123) : بطارية من صوامع التخزين

594. ventillated drying silo

594. سايلو تجفيف وتهوية

برج مزود بنظام تهوية، فيه تخزن الحبوب مؤقتاً، حيث تجفف الحبوب فتقل رطوبتها مـن 22%
الى 14% وتوقي من التلف (★).

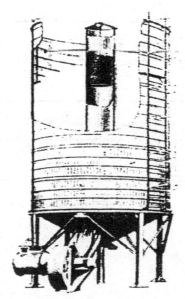

الشكل رقم (124) : قطاع من سلوة تجفيف بالتهوية

595. ensilage	595. السلوجة

أو عمل السيلاج (سايلج) ، أسلوب حفظ المحاصيل العلفية الخضراء لتغذية الماشية. وتتميز المحاصيل الخضراء في قيمتها الغذائية على الدريس الجاف (★).

الشكل رقم (125) : سلوات (أبراج) من النوع المستخدم في عمل السيلاج

596. green manure	596. سماد أخضر

سماد نحصل عليه بحرث بعض المحاصيل كالبرسيم والجت والحشائش الخضراء وهي في أرضها. يفيد هذا السماد في تسميد الأرض ذات التربة الخفيفة الفقيرة إلى الأسمدة.

597. farmyard manure	597. سماد بلدي

سماد عضوي من حظائر حيوانات المزرعة. يتكون من روث الحيوانات المختلفة بما عليه من قش أو دريس أو نشارة خشب وهو من أوسع الأسمدة العضوية استخداما وأغناها بالمواد الغذائية للنبات ويحسن قوام التربة.

598. manure	598. سماد عضوي

سماد من أصل نباتي أو حيواني له تأثير فعال في تخصيب التربة وتحسين صفاتها الفيزيائية.

599. سماد مختلط	599. mixed fertilizer

سماد يتكون من خليط المركبات الكيميائية التي تحتوي على كميات كبيرة من مصادر النتروجين والفسفور والبوتاسيوم وكميات قليلة جداً من مصادر المغنسيوم والمنجنيز والنحاس والزنك والبورون. يباع بشكل تجاري.

600. السمسم	600. sesame

نبات حولي يزرع للاستفادة من بذوره في استخراج الزيت الذي يستخدم في الأطعمة بشكل حبات أو (راشي).

601. سوبرفوسفات	601. suparphosphate

سماد فوسفاتي على هيئة مسحوق أو حبيبات صغيرة، قابل للذوبان في الماء، يسهل على النباتات امتصاصه.

602. سياج	602. fence

في المراعي وتربية الماشية، حاجز يحدد قطعة معينة من الارض ترعى عليها الماشية ولا يسمح لها بتجاوزه. قد يكون المنع كهربائي الكتروني يصدر نبضات سريعة تعمل على جمع الماشية وتحديد حركتها داخل النطاق المحدد (★).

سياج (تسوير) fence (fencing)

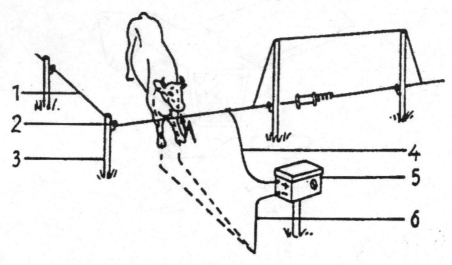

الشكل رقم (126) : رسم تخطيطي للسياج

1. سلك مكهرب	4. سلك توصيل
2. عازل	5. مصدر كهربائي
3. عمود (قائم)	6. طرف التوصيل الأرضي

---

603. calcium cynammide	**603. سياناميد الكالسيوم**

أحد المخصبات النتروجينية الاصطناعية ويستخدم كذلك كمبيد للأعشاب الضارة وفي عمليات إزالة الأوراق قبل جني القطن.

604. belt	**604. سير (حزام ناقل)**

وسيلة لنقل الحركة من عنصر مكني دوار الى آخر تفصل بينهما مسافة وهو أنواع (★).

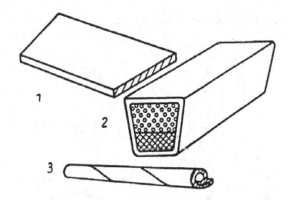

الشكل رقم (127) : بعض أنواع السيور

1. سير مدور   3. سير مبطط

2. سير حرف V

605. conveyor elevator	605. سير رافع

أحد وسائل الرفع بالمزرعة، يستخدم لرفع أكياس الحبوب وبالات القش والدريس لشحنها في سيارات النقل (★).

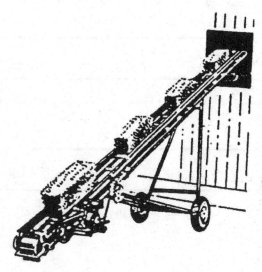

الشكل رقم (128) : نوعان من السيور الرافعة

---

606. belt conveyor

606. سير ناقل

هو حزام ناقل بشكل حصيرة تتكون من سير لا نهائي يصنع من المطاط، يستخدم لنقل المواد السائبة كالحبوب.

---

607. sisal

607. السيزال (القنب)

نبات ليفي تتخد من أليافه الحبال وصناعة الأكياس. وهو نبات يستمر بالإنتاج لمدة ست سنوات.

---

608. psychrometer

608. سيكرومتر

جهاز لقياس الرطوبة الجوية.

---

609. cyclone

609. سيكلون

جهاز ينظف الهواء من الأتربة ويمكن استخدامه في تنظيف الحبوب.

---

610. silage

610. سيلج (علف محفوظ)

علف للماشية يتم إعداده وحفظه حين يكبس العلف الأخضر في حفرة أرضية أو أبراج لاستبعاد الهواء والسماح له بقدر محدد من التخمر.

---

611. silicophosphate

611. سيليكو فوسفات

نوع من المخصبات الفومسفاتية الغنية بالفوسفات.

حرف الشين

612. الشادوف — 612. shadouf

وسيلة يدوية لرفع المياه من الأنهار أو الآبار.

613. الشاي — 613. tea

نبات ورقي دائم الخضرة يصنع من أوراقه الشاي.

614. شبكة — 614. network

نظام من الإنشاءات أو الأنابيب متصل ومتكامل لأداء غرض محدد، منها في الزراعة:

1. شبكة الترع للري الحقلي **canal network**.
2. شبكة الري الرئيسة **irrigation network**.
3. شبكة الصرف **drainage network**.

615. شتلة (بادرة) — 615. transplant

مصطلح يطلق على أية بادرة من نبات، أو شجيرة، تُخلع من مرقدها لتوضع في مرقد جديد (تربة جديدة).

616. شتلة خضر — 616. seedling

شتلة بعض محاصيل الخضر تحضر في بيوت زجاجية ثم تشحن إلى المزارع بعد بلوغها درجة معينة من النمو، حيث تزرع مرة أخرى لاستكمال نموها وإنتاجها على نطاق تجاري.

617. شجيرة — 617. bush

نبات كثير الأفرع لا ساق رئيس له.

618. chlorosis   618. شحوب يخضوري

في النبات مصطلح يدل على نقص المادة الخضراء في النباتات مما يؤدي إلى مرضها. وإصابتها باصفرار غير طبيعي. يعالج المرض برش الأوراق بمحاليل كيميائية من الحديد والمغنسيوم والمنغنيز والفسفور والنحاس.

619. intensity of rainfall   619. شدة التهطل

مقدار سقوط الامطار بالساعة أو اليوم.

620. light intensity   620. شدة الضوء

كمية الضوء على وحدة المساحة.

621. measuring tape   621. شريط قياس

في المساحة شريط مدرج لقياس المسافة.

622. barley   622. الشعير

أحد المحاصيل الحيوية لغذاء الإنسان والحيوان.

623. work   623. الشغل

في الميكانيك مصطلح يطلق على حاصل ضرب القوة المبذولة لتحرك جسم ما في المسافة التي يتحركها الجسم في اتجاه الحركة.

624. plough share   624. شفرة المحراث

مصطلح مرادف لمصطلح السلاح في المحراث.

| 625. canalization | 625. شق المجاري المائية |

1. مصطلح عام لشق المجاري المائية.

2. في الري، فتح مجاري اصطناعية لتسري فيها المياه اللازمـة لـري الاراضي الزراعيـة، أو لتصريـف المياه (★).

شق المجاري المائية (شق الترع والقنوات)

Canalization (canal building)

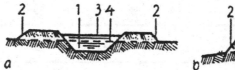

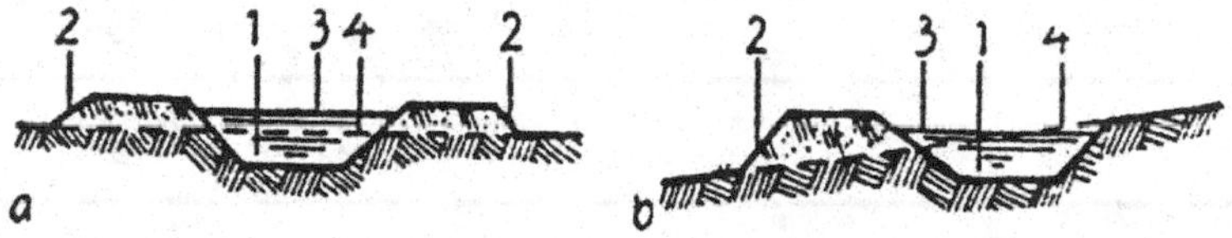

الشكل رقم (129) : مقطع في ترعة يجري شقها

a. شق في أرض مسطحة   b. شق في أرض منحدرة

1. شق (حفر)   3. سطح الماء

2. ردم   4. سطح الأرض قبل الشق

| 626. sun | 626. الشمس |

نجم يدور حوله تسعة كواكب من بينها الأرض، وهـو مصـدر الطاقة والضوء والحـرارة اللازمـة للحياة على الأرض.

| 627. stroke | 627. شوط |

في المحركات والآلات الترددية، المسافة التي يتحركها المكبس من النقطة الميتة السـفلى الى النقطـة الميتة العليا، أو العكس وهو أنواع شوط السحب، وشوط الانضغاط، وشوط القدرة، وشوط العادم.

628. oats	628. الشوفان

من المحاصيل الغذائية المهمة للإنسان والحيوان.

629. rake	629. شوكة جرف

أداة ذات اسنان لجمع العشب أو تقليب التربة أو تسويتها.

630. fork lift	630. شوكة رفع

إحدى وسائل الرفع في المزرعة (★).

شوكة رفع fork lift

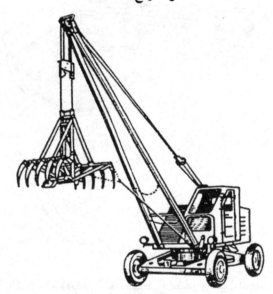

الشكل رقم (130) : شوكة رفع متنقمة

حرف الصاد

631. exports	631. صادرات

سلع تنتج في دولة وتباع لدولة أخرى.

632. desert	632. صحراء

منطقة من الأرض قليلة الأمطار والمزروعات.

633. concave	633. الصدر(الحصيرة = المقعر)

في جهاز الدراس ترتيبة مقوسة تحيط جزئياً بمضرب الدراس (★).

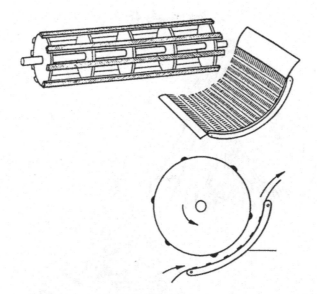

الشكل رقم (131) : رسم تخطيطي للمصدر ومضرب الدراس

1. الصدر (الحصيرة)   a. دخول القش

2. المضرب   b. خروج القش

634. صرف	634. drainage

في الأراضي الزراعية، عملية التخلص من المياه الزائدة على حاجة المزروعات بهدف المحافظة على حيويتها وعلى جودة التربة (والمصارف نوعان):

1. صرف مكشوف . open ditch drainage1

2.صرف مغطى . field drainage2

635. الصفر البيولوجي	635. biological zero

أدنى درجة حرارة يمكن أن تنمو عندها الكائنات الحية الدقيقة.

636. صقيع

حالة من الطقس، فيها يترسب بخار الماء المتكثف على شكل ثلج عندما تكون درجة حرارة الهواء أقل من الصفر. وهو متلف للمزروعات، ويمكن مقاومته بتغطيتها بالأغطية البلاستيكية وتدفئتها بإشعال الحرائق الصغيرة أو بأنواع من المواقد مثلاً حيث يدفأ الهواء الملامس لسطح الأرض فتنشأ تيارات الحمل لتدفئة الجو وتقليل الأضرار.

637. الصلب (الفولاذ)	637. steel

سبيكة من الحديد والكربون وعناصر أخرى، أقوى وأمتن من الحديد الزهر (الآهن) وأكثر منه قابلية للتشكيل بعمليات الطرق والكبس وكثيراً ما يدخل في تكوين المعدات الزراعية.

638. صمام	638. valve

عنصر مكني يستخدم كمنفذ للتحكم في مسارات الأوعية المقفلة كلياً أو جزئياً ومن أنواعه صمامات المحركات (★).

639. صمام بوابي | **639. sluice**

صمام لتنظيم تدفق المياه عبر المجاري المائية.

صمام valve

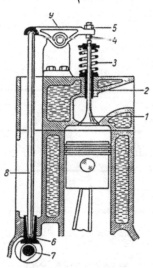

الشكل رقم (132) : صمام رأسي (علوي) بمحرك الاحتراق الداخلي

1. الصمام
2. جلبة (دليل)
3. ياى
4. مسمار الضبط
5. صامولة التثبيت
6. الرافعة
7. عمود الكامات
8. ذراع الدفع
9. الذراع المتأرجحة

640. صناعات غذائية | **640. food – processing industries**

جميع أنواع صناعة الأغذية

641. dairy farming

641. صناعة الألبان

مصطلح يطلق على كل الأنشطة التي تتناول إنتـاج الألبـان ومشـتقاتها كـالجبن أو الزبـد والألبـان المجففة.

642. canning industry

642. صناعة التعليب

صناعة تختص بتجهيز وإعداد وحفظ الأطعمة والأغذية كاللحوم والأسماك والخضـراوات والفواكـه وتعليبها.

643. primary industry

643. صناعة أولية

صناعة أساسها استخراج أو استجماع أو استغلال الثروات الطبيعية ومـن أمثلتهـا الصـيد والتعـدين واستغلال الغابات.

644. seed box

644. صندوق البذور

في الباذرات قادوس يحتوي البذور المراد بذرها.

645. gearbox

645. صندوق تروس (مسننات)

صندوق فيه مجموعة تروس (مسننات) بعضها دائـم التعشـيق وبعضها متغير التعشيق يسـمح بتغيير سرعة الدوران (★) .

صندوق تروس (جيربوكس) gearbox

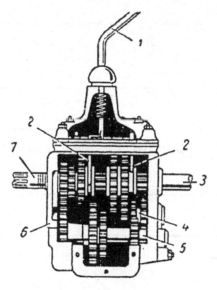

الشكل رقم (133) : مقطع في صندوق تروس

1. عصا نقل التروس (عصا الفتيس)
2. شوكة النقل
3. العمود الرئيسي
4. عمود الحركة العكسية (الخلفية)
5. العمود المناول
6. المبيت (الصندوق)
7. العمود المدير

646. الصوديوم	646. sodium

عنصر فلزي له استعمالات عديدة في الزراعة والصناعة.

647. صوف	647. wool

النسيج الدقيق المموج الذي يُحصل عليه أساسا من الأغنام، وتُصنع منه الملبوسات والأغطية.

648. صيانة   648. maintenance

الإجراءات الوقائية التي تتخذ لفحص، ومراجعة شيء ما للتأكد من سلامته وحسـن أدائـه، ومنـع حدوث خلل فيه.

649. صيانة التربة   649. soil conservation

إجراءات المحافظة على خصوبة التربة، واستعادة ما يستنفذ منها ومنع التعريـة الريحيـة والمائيـة وإتباع نظام الدورة الزراعية وزراعة المحاصيل المخصبة لها وتحسين الصرف فيها.

650. صيانة وقائية   650. preventive maintenance

في المعدات الزراعية، صيانة تجري مسبقاً للحفاظ عليهـا، وتفـادي حـدوث أعطـال أثنـاء العمـل والتأكد من جاهزيتها.

حرف الضاد

651. ضباب	651. fog

السحب (بخار الماء) التي في مستوى الأرض وتقلل الرؤية.

652. ضبط الفيضانات	652. flood control

السيطرة على الفيضانات والتحكم فيها وتلافي أضرارها من خلال إقامة الخزانات والسدود وتصريف التدفقات المائية.

653. ضغاط (ضاغطة)	653. compressor

ماكنة هيدرولية تعمل على رفع ضغط الهواء (أو الغازات) بكبسة وهي أنواع:

1. ضغاط بالطرد المركزي . centrifugal compressor1

2. ضغاط مرحلي . stage compressor2

654. الضغط	654. pressure

مقدار القوة المبذولة على وحدة المساحة من سطح الجسم الذي تسلط عليه هذه القوة في الاتجاه العمودي على السطح. تقاس بوحدات غم أو كغم على سم^2.

655. ضغط اسموزي	655. osmotic pressure

في الانتشار الغشائي في الخلايا النباتية، الضغط الذي يسلطه المخلوط الأقوى تركيزا من داخل الخلايا شبه المنفذة على المحلول الأقل منه تركيزاً الموجود خارجها.

656. الضغط الجوي | **656. atmospheric pressure**

الضغط الحادث من وزن جميع طبقات الهواء على الأرض، يساوي 1,0333 كغم/ سم^2 عند سطح البحر، وهو ما يكفي لرفع عمود من الزئبق نحو 76 سم.

657. الضوء | **657. light**

أحد أشكال الطاقة المشعّة، يأتي من الشمس إلى الأرض على هيئة موجات تنطلق بسرعة حوالي 300 ألف كم / ثانية. والضوء جزء مكمل للتفاعل في عملية التمثيل الضوئي بالنبات ويوثر طول فتراته على نمو النباتات ومعدلات نتحها.

حرف الطاء

658. attrition mill	658. طاحونة جرش

تستخدم في تجهيز الأعلاف لجرش الحبوب.

659. burr mill	659. طاحونة قرصية

في تجهيز الأعلاف آلة لتفتيت المحاصيل بدفعها بين قرصين أحدهما ثابت والآخر دوار (★).

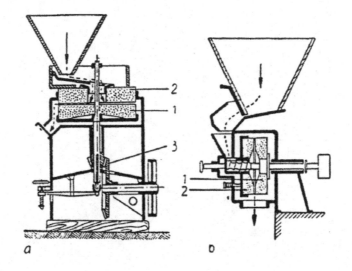

الشكل رقم (134) : طاحونة قرصية

a. تصميم رأسي   b. تصميم أفقي

1. القرص الدوار   3. ترس مخروطي

2. القرص الثابت

660. hammer mill	660. طاحونة مطرقية

في تجهيز الأعلاف. آلة لتهشيم المحاصيل عن طريق مطارق دوارة تعمل على تقليل حجم جزيئاتها (★).

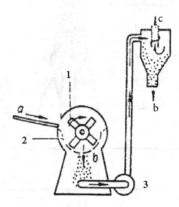

الشكل رقم (135) : طاحونة مطرقية

a. فتحة تلقيم ،   b. العلف المطحون،   c. هواء

1. مطرقة دوارة ،   2. ترتيبة ضبط الخلوص، 3. مروحة

. roller mill661	661. طاحونة هراسة

في تجهيز الأعلاف آلة لهرس المحاصيل عن طريق مرورها بين مسننين بينهما خلوص صغير تمر الحبوب خلاله.

662. windmill	662. طاحونة هوائية

طاحونة يستمد عمودها حركته من رياش كبيرة تدور بقوة الريح. تستخدم أساساً في تشغيل المضخات لرفع المياه، وطحن الحبوب وفي توليد القوى الميكانيكية والكهربائية (★).

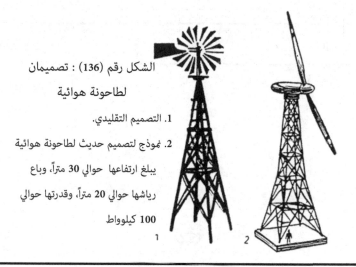

الشكل رقم (136) : تصميمان

لطاحونة هوائية

1. التصميم التقليدي.

2. نموذج لتصميم حديث لطاحونة هوائية

يبلغ ارتفاعها حوالي 30 متراً، وباع

رياشها حوالي 20 متراً، وقدرتها حوالي

100 كيلوواط

663. energy	663. طاقة

المقدرة على بذل الشغل أو أداء العمل.

664. agricultural aircraft	664. طائرة زراعية

في مجال الطيران الزراعي، طائرة مجهزة بتجهيزات خاصة لأداء بعض العمليات الزراعية من الجو.

665. chalk	665. طباشير

حجر جيري رخو. يتكون أساسا من كربونات الكالسيوم. وتتميز التربة التي تتكون منه بقلة الانسياب السطحي للمياه فيها.

666. soil layers	666. طبقات التربة

تقسم التربة إلى ثلاث طبقات، أعلاها هي الطبقة السطحية التي تنمو فيها المزروعات، وطبقة تحت السطح وطبقة سفلية (غالباً صخرية)، وهي أساس التربة.

667. alga	667. طحلب

نبات وحيد الخلية، يحتوي على الكلوروفيل.

668. feed milling	668. طحن الأعلاف

في تجهيز الأعلاف عمليات جرش وتفتيت وقطع المواد العلفية لتقليل حجمها لإعدادها على هيئة علائق.

669. grain milling	669. طحن الحبوب

تكسير الحبوب لإنتاج أعلاف الحيوانات.

670. delivery	670. الطرد (التجهيز)

1. في المضخات، كمية المياه المدفوعة في وحدة الزمن (دقيقة).

2. في الضاغطات، حجم الهواء المدفوع تحت ضغط معين في وحدة الزمن.

671. manuring methods	671. طرق التسميد بالأسمدة العضوية

طرق وضع الأسمدة العضوية منها النثر (قبل الحراثة أو بعدها) والتسطير في أثناء البـذار، في ميـاه الري أثناء الرش، والدفن على عمق بواسطة المحاريث القلابة.

672. methods of irrigation	672. طرق الري

طرق الري مختلفة تبعاً لنوعية التربة وطبيعة الأرض وأسلوب الفلاحـة وطبيعـة المحصـول ومـدى توفر المياه ودرجة المكننة الزراعية وتوفر المعدات والظروف المناخية، فتكون ري سيحي، ري بالواسطة، ري بالرش، ري بالتنقيط... وغيرها.

673. cultivation methods of	673. طرق الفلاحة

ترتبط طرق الفلاحة بالعمليات الاساسية التالية:

1. مرحلة ما قبل البذار الحرث والتمشيط والتسميد، والتسوية.

2. مرحلة البذار وضع البذور بطريقة النثر أو بالتسطير أو في نقر.

3. مرحلة ما بعد البذار العزق، رش المبيدات، الخف.

4. مرحلة الحصاد حصد الحاصل بالجمع أو الضم أو القطف أو الجني والمعالجة (★).

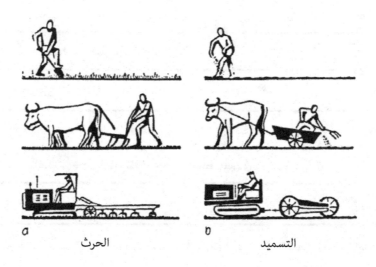

الحرث   a

التسميد   b

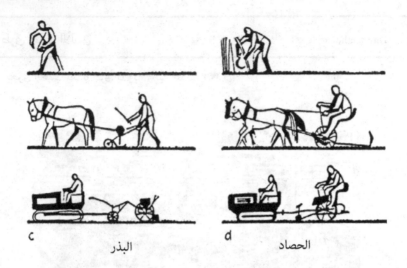

c البذر   d الحصاد

الدراس والتذرية

الشكل رقم (137) : تسلسل عمليات الفلاحة الأساسية

674. milking methods	674. طرق حلب الألبان

يجرى الحلب بعدة طرق يدوية وآلية حديثة (★).

الشكل رقم (138) : الحلب بالطريقة الدائرية (نظام أوتوماتي كامل)

الشكل رقم (139) : الحلب الخطي في اتجاه واحد (نظام شبه أوتوماتي)

675. food	675. الطعام

الطعام مصدر الطاقة للكائنات الحية، يتكون من مواد عضوية تتناولها الكائنات الحية في غذائها فتحترق بالأوكسجين لتتحول إلى طاقة حرارية لأداء الفعاليات الحياتية كافة.

676. seafood	676. طعام بحري

مصطلح يطلق على ما يجود به البحر من أسماك وحيوانات بحرية مختلفة من الأنواع التي تؤكل.

677. frozen food	677. طعام مجمد

أي طعام محفوظ في درجة حرارة أقل من الصفر المئوي.

678. clay	678. طَفل (طين)

أحد المواد الأساسية المكونة للتربة الزراعية.

679. weather	679. طقس

مجموعة الأحوال الجوية التي تسود مكاناً ما في وقت معين كالضغط، ودرجة الحرارة والرطوبة والرياح، وتكثف البخار، ومدى الرؤية.

680. ton	680. طن

وحدة قياس الوزن = 1000 كغم.

حرف العين

681. عاصفة	681. storm

اضطراب شديد في الجو، تصحبه رياح، وأمطار وثلج (برد) ورعد. والعواصف أنواع رعدية، رملية وغيرها.

682. عبوة (حاوية)	682. container

أي وعاء أو آنية أو وسيلة لتعبئة أو نقل المواد.

683. العجلة الأرضية	683. landwheel

في المحراث، العجلة التي تسير على الأرض غير المحروثة في وضع راسي، وفي خط مستقيم.

684. عجلة تحديد الأعماق	684. depth wheel

في المحراث عجلة قرصية يمكن بها تحديد عمق الحراثة (★).

الشكل رقم (a/140) : منظر عام لعجلة تحديد الأعماق

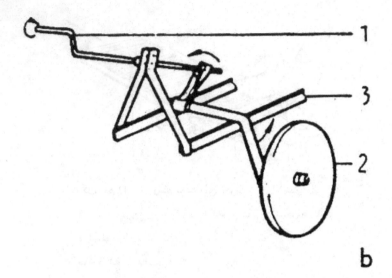

الشكل رقم (b/140) : رسم تخطيطي لعجلة تحديد الأعماق

1. يد ضبط الأعماق   3. قصبة المحراث

2. عجلة التحديد

---

685. water meter	685. عداد المياه

جهاز لقياس تصريف المياه (المستهلك في فترة زمنية محددة).

---

686. farmyard manure spreader	686. عربة فرش الأسمدة

عربة يدوية أو مقطورة، لنثر الأسمدة العضوية وتوزيعها على نحو منتظم معدلات يمكن التحكم بها (★).

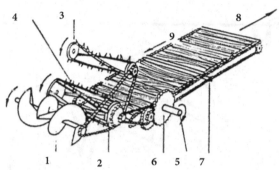

الشكل رقم (141) : رسم تخطيطي لعربة فرش الأسمدة البلدية

1. حلزون التوزيع
2. أسطوانة الفرم السفلية
3. أسطوانة الفرم العلوية
4. أسنان (أصبع) الفرم
5. محور عجلة العربة
6. ترس يستمد حركته من عجلة العربة
7. حصيرة ناقلة
8. اتجاه حركة العربة
9. اتجاه حركة الحصيرة

687. عزق	687. cultivation

العزق إثارة التربة المزروعة بالمحاصيل لإبادة الحشائش الضارة. قد يجري العزق يدوياً أو آليا.

688. عزم	688. moment

عزم نقطة ما حول نقطة معينة هو حاصل ضرب مقدار هذه القوة في البعد العمودي لخط عملها على هذه النقطة. من أنواعه

1. عزم إدارة — 1. driving moment
2. عزم انحناء — 2. bending moment
3. عزم الدوران — 3. torque

.689 عشب العلف | **689. soilage**

عشب أخضر يتخذ علفاً للماشية، وخاصة في بداية ونهاية موسم الحشائش والأعشاب الخضراء وفي فترات الجفاف، حيث تجلب الأعشاب إلى الماشية وهي في الحظائر.

.690 عصارة | **690. sap**

في النبات، محلول مائي يملأ فجوات الخلية ويحتوي على عدد من مواد عضوية وغير عضوية مفيدة لتغذية الحيوان.

.691 عَفَن | **691. mold**

فطر من الفطريات، يتغذى وينمو على المواد العضوية المتحللة، ويستفاد من العفن في الحصول على المضادات الحيوية مثل البنسلين والإستربتومايسين.

.692 علف | **692. forage**

غذاء الحيوانات المزرعية، يتألف من علائق من محاصيل خضراء أو جافة بشكل مفكك أو مكعبات.

.693 علم الأرصاد الجوية | **693. meteorology**

علم يختص بدراسة أحوال الجو المناخية وتقلباته.

.694 علم الاقتصاد | **694. economics**

علم يختص بدراسة الثروات المادية والبشرية.

.695 علم الأنسجة | **695. histology**

فرع من العلوم البيولوجية.

696. علم البحيرات	696. limnology

فرع من العلوم يتناول دراسة البحيرات.

697. علم البستنة	697. horticulture

فرع من علوم الزراعة، يتناول زراعة الخضراوات والفواكه وتربية الزهور وأشجار الزينة.

698. علم البيئة	698. ecology

فرع من العلوم البيولوجية يختص بدراسة العلاقات بين الكائنات الحية والبيئة التي نعيش فيها.

699. علم التربة	699. soil science

فرع من العلوم الزراعية يتناول دراسة التكوين الجيولوجي للتربة، وخصائصها وقواعد استثمارها.

700. علم التربة الزراعية	700. agrology

علاقة التربة بالمحاصيل الزراعية.

701. علم الحشرات	701. entomology

فرع من علوم الحيوان يختص بدراسة الحشرات من حيث: طوائفها، أصنافها، توزيعها وتطورها.

702. علم الزراعة	702. agricultre

علم يختص بإنتاج الثروة النباتية والحيوانية وكل ما يتعلق بغذاء الإنسان، بما في ذلك أساليب الزراعة واقتصادياتها وخصوبتها.

703. forestry	703. علم الغابات

فرع من العلوم الزراعية يتناول زراعة الغابات وإنماء ورعاية أشجارها للحصول على الأخشاب.

704. mycology	704. علم الفطريات

فرع من علم النبات يختص بدراسة الفطريات.

705. virology	705. علم الفيروسات

علم حديث يختص بدراسة الفيروسات التي يعتقد بأنها أكثر صور الحياة أولية وتتسبب في بعـض الإمراض.

706. metrology	706. علم القياس

علم دقة القياسات في الهندسة الميكانيكية.

707. climatology	707. علم المناخ

فرع من العلوم يتناول دراسة المناخ من حيث الظواهر ومسبباتها وتأثيرها على البيئة.

708. microbilogy	708. علم الميكروبات

فرع من العلوم البيولوجية يختص بالكائنات الدقيقة.

709. botany	709. علم النبات

فرع من العلوم الإحيائية يتناول: زراعة النباتات وتنميتها ورعايتها ومقاومـة أمراضـها واسـتحداث أنواع منها.

| 710. agronomy | 710. علم زراعة المحاصيل |

علم الزراعة التطبيقية للمحاصيل ويدعى باسم (الهندسة الزراعية) لاهتمامـه بجوانـب العمليـات اليدوية والآلية بقصد زيادة الانتاج وتحسين نوعيته.

| 711. agricultural science | 711. علوم زراعية |

مجموعة علوم لها علاقة مباشرة بالزراعة.

| 712. ration | 712. عليقة |

وجبة العلف المختلطة لتأمين تغذية الحيوان.

| 713. depth of sowing | 713. عمق البذر |

عمق المرقد الذي تستقر فيه البذرة.

| 714. depth of drainage | 714. عمق الصرف |

منسوب (ارتفاع) سطح المياه بالصرف.

| 715. shaft | 715. عمود(دوران) |

عنصر مكني دوار يستخدم لنقل الحركة.

| 716. element | 716. عنصر |

في علم المناخ، أي من المكونات أو العوامل المختلفة التي تحدد المناخ، كدرجة الحـرارة والضـغط والرياح وغيرها.

حرف الغين

717. forest	717. غابة (حراج)

المنطقة الشاسعة غير المزروعة باشجار كثيفة. الغابة منها بيئية وتجارية (أنتاج الخشب) (★).

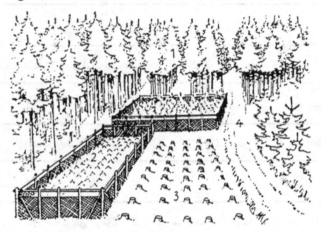

الشكل رقم (142) : رسم تخطيطي لجانب من غابة

1. أشجار نامية   3. أرض تم إخلاؤها

2. شتلات أشجار   4. طريق (ممر)

718. commercial forest	718. غابة تجارية

غابة تستعمل لإغراض تجارية مثل أنتاج الأخشاب وكمأوى لبعض الحيوانات والأنشطة السياحية.

719. grain sieve	719. غربال حبوب

في معالجة الحبوب، ترتيبة للنخل والغربلة تسمح بمرور الحبوب ولا تسمح بمرور الشوائب.

720. planting

720. غرس

وضع الشتلات في مراقدها.

721. washing

721. غسل

في معالجة المحاصيل غسل المنتجات (الفواكه والخضار أو الثمار) بالماء لإزالة ما هو عالق بها.

722. green layer

722. غطاء أخضر

في الأراضي الزراعية، الطبقة الخضراء التي تكسو التربة وتقيها من التعرية وتحافظ على خصوبتها.

723. silt

723. غرين (طمى)

مادة حبيبية أدق حجماً من الرمل، ولكنها أكبر من الطين (مقاسها 0,002 مم- 0,02 مم)، تترسب في المسطحات المائية.

724. silting

724. غريَّنة

ترسيب الغرين وتراكمه على قاع المجرى المائي وجوانبه.

حرف الفاء

725. shoe — ‏725. فأس

أداة قاطعة تستخدم في أعمال العزق وتفتيت التربة.

726. mechanical advantage — ‏726. الفائدة الآلية

في الآلات، النسبة بين القوة المستفاد منها والقوة الداخلة اليها.

727. incubation period — ‏727. فترة الحضانة

في الإصابة بالعدوى، الفترة المنقضية بين دخول مسببات العدوى في الجسم المصاب وبين ظهور علامات المرض.

728. furrow — ‏728. فَجَ، أخدود

الفج، عمل شق في التربة (أخدود) لهذا الأخدود قعر وقمة(القمة =furrow crown).

729. frrower — ‏729. فجاج

آلة فتح الأخدود (furrower opener) وتوجد في الباذرات بشكل قرصي أو معزقي (★). وتتعلـق بالفجاج عدة حالات:

‏1. furrowing1 — ‏1. عجلة شق الأخاديد

‏2. furrow planting — ‏2. الزراعة بقاع الأخدود

‏3. furrow slic — ‏3. شطيرة الأخدود

‏4. furrow sole — ‏4. قاع الأخدود

‏5. furrow wall — ‏5. حائط الأخدود

‏6. furrow wheel — ‏6. عجلة الأخدود (في المحاريث القلابة)

فجّاج furrow

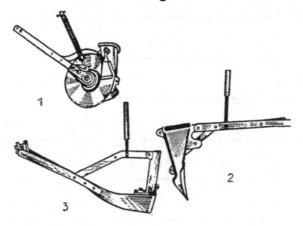

الشكل رقم (143) : أنواع مختلفة من الفجاجات

1. فجاج قرصي   3. فجاج على هيئة حذاء

2. فجاج عزاق

---

730. sorting	**730. فرز وتدريج**

في معاملة المحاصيل. مصطلح يطلق على فصل منتجات المحصول (من حبوب أو ثمار) وتقسيمها الى عدد من الأقسام بحيث يتشابه المنتج في كل قسم منها، من حيث الشكل أو المقاس أو الوزن ويتم ذلك بمعدات آلية.

---

731. manure spreading	**731. فرش السماد العضوي**

نثر السماد العضوي وتوزيعه على الأرض آلياً.

---

732. brake	**732. فرملة (موقف)**

وسيلة احتكاكية في حركة الأجسام بتخفيض سرعتها أو إيقافها (★).

---

733. season | **733. فصل (موسم)**

فترة من العام تتميز بمجموعة من عناصر وظروف مناخية معينة تجعل العـام يقسـم الى فصـول الربيع والصيف والخريف والشتاء.

فرملة brake

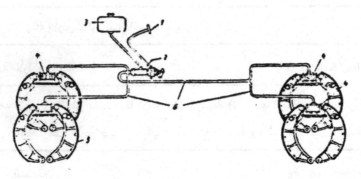

الشكل رقم (144) : رسم تخطيطي لعمل الفرملة الهيدروليكية بالجرار الزراعي

1. دواسة الفرملة
2. أسطوانة الفرملة الرئيسية (الماستر الرئيسي)
3. خزان زيت الفرملة
4. أسطوانة فرملة العجلة (ماستر العجلة)
5. حذاء الفرملة ببطانته
6. أنابيب التوصيل

---

734. fungi | **734. فطريات**

نباتات لا تحتوي على كلوروفيل أو نشأ، تعيش على المواد العضوية الميتة أو الحية وتشمل العفن والخمائر، فمنها ما يؤكل، وبعضها مفيد يقوم بتحلل المواد العضوية.

---

735. seepage loss | **735. فقد بالنزَ**

في الترع والقنوات والمجاري المائية والخزانات يحدث فقد في المياه بالتسرب ويعبر عنه بعمق المياه المفقودة في وحدة الزمن أو بالحجم المفقود لكل وحدة مساحة.

---

736. الفقد بالنقل	736. conveyance loss

في الري، مجموع الفقد (الضياع) في مياه الري بين منشات تحويل المياه من المجرى الرئيس والأراضي المروية. يحدث الفقد نتيجة التبخر والتسرب إلى خارج موقع المياه.

737. فلاحة الأراضي (تهيئة الأرض)	737. fillage

عمليات تهيئة الأرض لتكون مرقداً صالحاً للبذار ونمو البذور.

738. فلاحة الأراضي الجافة	738. dray land farming

فلاحة الأرض في مناطق تشتد فيها درجة الحرارة صيفاً، وتقل فيها الأمطار بحيث لا يمكن الاعتماد عليها. يراعى في فلاحة هذه الأرض ضبط انسياب المياه ومنع التعرية واختيار المحاصيل المناسبة.

739. فلاحة البساتين	739. horticulture farming

فلاحة الأراضي التي تخصص لزراعة المحاصيل البستانية على نحو مكثف.

740. فوتومتر	740. photometer

في البيوت الزجاجية جهاز حساس يستخدم لقياس شدة الضوء.

741. فوسفات	741. phosphates

سلسلة متنوعة من الأملاح تستخدم في الزراعة بشكل أسمدة تحتاج إليها النباتات في المراحل الأولى من نموها، وخاصة المحاصيل الجذرية، حيث إن النقص فيها يعوق نمو الجذور.

742. فوسفات الأمونيوم	742. ammonium phosphate

أحد المخصبات (الأسمدة) الصناعية الأساسية للتربة الزراعية.

743. phosphorus	743. الفسفور

الفسفور عنصر لازم للحياة البشرية (يدخل في تكوين العظام) والأنسجة الحيوانية، ويدخل في بنية النباتات وصناعة الأسمدة.

744. soya been	744. فول الصويا

نبات بقولي غني بالبروتين والكالسيوم والفيتامينات والزيوت، يزرع كغذاء للإنسان وكعلف للحيوان، ولإغراض صناعية.

745. groundnut	745. الفول السوداني

نوع من الفول تؤكل حبوبه ويستخرج منه الزيت الذي يستخدم في الأطعمة وكثير من الصناعات ويستفاد من قشوره في إنتاج الأسمدة.

746. volt	746. فولت

في الهندسة الكهربائية، وحدة قياس جهد التيار الكهربائي.

747. voltmete	747. فولتمتر

جهاز قياس جهد التيار الكهربائي.

748. vitamin	748. فيتامين

الفيتامينات عناصر غذائية أساسية لصحة الإنسان والحيوان.

749. virus	749. فيروس

الفيروسات جسيمات مجهرية بروتينية.

750. فيضان	750. flood

ارتفاع المياه فوق المنسوب به في الأنهار والخزانات والسدود.

751. الفينولوجيا	751. phenology

علم يبحث العلاقة بين المناخ والظواهر الإحيائية الدورية. من ظواهره هجرة الطيور، ظهور الحشرات.

حرف القاف

752. قابض	752. chuch

وسيلة يدوية أو آلية لايقاف حركة (★).

قابض chuch

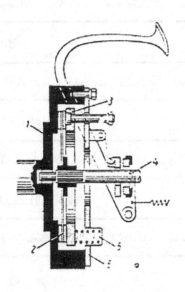

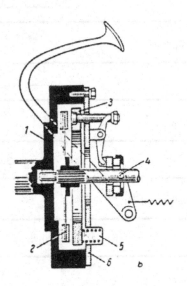

الشكل رقم (145) : قابض مفرد القرص يستخدم في الجرارات الزراعية

a. في حالة التعشيق

b. في حالة الفصل

1. الحدافة
2. قرص القابض المبطن بالمادة الاحتكاكية (أي بتيل الدبرياج)
3. القرص الضاغط
4. آلية الاعتناق
5. ياى القابض
6. غطاء

| 753. fertilizer gun | 753. قاذف أسمدة |

في معدات التسميد جهاز (مسدس) لرش الأسمدة السائلة.

| 754. flame gun | 754. قاذف لهب |

أحد الاجهزة المستخدمة في مجال وقاية المزروعات باستخدام اللهب.

| 755. coupling | 755. قارنة |

وسيلة لتوصيل عمود مدير بعمود آخر مدار توصيلاً مستديماً.

| 756. fathom | 756. قامة (باع) |

قضيب أو وحدة قياس لمعرفة الأعماق والارتفاعات.

| 757. leveling rod | 757. القامة (الشاخص) |

في المساحة وسيلة لقياس الارتفاعات والمناسيب مقسمة الى وحدات.

| 758. power | 758. قدرة |

1. في الآلات والماكنات، معدل بذل الشغل(القوة × السرعة).

2. في الهندسة الكهربائية، حاصل ضرب مربع شدة التيار الكهربائي في المقاومة المار بها (الجهد الكهربائي × شدة التيار) وتقاس بالواط.

| 759. infiltration capacity | 759. قدرة الارتشاح |

في التربة، أقصى معدل من المياه يسمح بارتشاحه في ظروف محددة(أو أقصى معدل من مياه الإمطار يمكن للتربة امتصاصه).

760. قدرة حصانية	760. horsepower

وحدة قياس القدرة في المجالات الهندسية، وهي ما يبذله حصان متوسط القدرة في الثانية الواحدة (تساوي 75 كغم متر في الثانية في النظام المتري).

761.قرص المحراث	761. plough disc

في المحراث القرصي جزء فولاذي كامل الاستدارة، من أنواعه:

1. قرص مسطح flat disc.
2. قرص مقعر concave disc.
3. قرص بحد مموج (مشرشر)wave - edge disc.

762. قش	762. straw

سيقان مجوفة تتخلف من المحاصيل بعد درسها وتذريتها. قد يفرم او يكبس لاستخدامه علفاً للحيوانات.

763. القصابية البلدية	763. hand leveler

وسيلة تزحيف بدائية لتسوية سطح التربة الزراعية (★).

القصابية البلدية (المسلفة) hand leveler

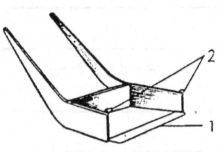

الشكل رقم (146) : قصابية (مسلفة) بلدية

1. حافة حادة 2. حلقة

764. القاشطة الميكانيكية — 764. farm scraper

آلة لها سلاح فولاذي قاشط لتسوية الأراضي وهي أنواع:

1. الجارفة — 1. drag scraper

2. الدورانية — 2. rotary scraper

765. قصب السكر — 765. sugar cane

نبات طويل ينتمي الى عائلة الحشائش، ويستخرج من عصيره السكر.

766. القصبة — 766. plough beam

1. في المحراث القلاب، الجزء الذي يصل بين البدن والهيكل.

2. في المحراث القرصي، قضيب يربط بين الهيكل والقرص.

767. القصدير — 767. tin

عنصر فلزي يستخدم على نحو آمن لتغليف علب الأطعمة ومعدات الطبخ وغيرها.

768. قصر نباتي — 768. etiolation

في إمراض النبات، شحوب واصفرار وقصر يحدث بسبب قلة الضوء.

769. قضيب إبادة — 769. rod weeder

قضيب مربع المقطع يستمد حركته من وسيلة إدارة آلية يستخدم لإبادة الإعشاب الضارة ويفكك التربة في آن واحد.

770. قضيب الجر — 770. draw bar

في الجرارات الزراعية، قضيب يركب في مؤخرة الجرار لسحب المعدات الزراعية المجرورة.

771. toolbar	771. قضيب القَطْر

عضو لتوصيل المحراث المقطور بقضيب الجر في الجرار الزراعي.

772. cutting	772. قطع

في إعمال الورش عملية أساسية في تشكيل المعادن.

773. logging	773. قطع الأخشاب

في الغابات، قطع الأخشاب وجذوع الأشجار، وتكويمها ونقلها.

774. cotton	774. القطن

من أهم المحاصيل الاقتصادية تجارياً. يزرع للحصول على أليافه وبذوره. الألياف لصناعة المنسوجات والبذور للحصول على الزيوت وتفيد كسبة البذور علفاً للحيوانات .

775. herd	775. قطيع

مصطلح يطلق على أي عدد من الماشية أو الأغنام، عندما تتجمع مع بعضها البعض وتتغذى وتعيش وترعى في مكان واحد.

776. alkali	776. قلوانيات (قلويات)

أملاح او مركبات تكون محاليل قلوية تظهر على سطح الأرض بفعل الخاصية الشعرية للتربة، ثم تترسب على السطح نتيجة تبخر الماء، تجعل الأرض سبخة بيضاء يمكن التخلص منها بغسل التربة، وأخرى تجعلها صبخة سواء يصعب التخلص منها.

777. wheat	777. القمح

محصول حبي من أهم المحاصيل الزراعية له استخدامات عديدة منها الخبز.

778. قناة توصيل | **778. aqueduct**

مجرى يخصص لحمل الماء الى مسافات بعيدة.

779. قناة توصيل اصطناعية | **779. flume**

في الري، مصطلح يطلق على أي مجرى مائي اصطناعي مرفوع(مغلق) يستخدم كمعبر لنقـل الميـاه في الأراضي الوعرة (★).

قناة توصيل اصطناعية flume

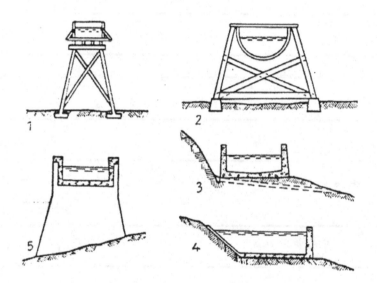

الشكل رقم (147) : أنواع مختلفة من القنوات

1. قناة خشبية 2. قناة معدنية

3، 4، 5. قنوات خرسانية

780. القنب | **. hemp780**

نبات ليفي تستخدم أليافه في صناعة الحبال والأكياس وخيوط السجاد والمنسوجات السميكة.

781. قنطرة أفمام — **781. head regulator**

قنطرة تنشأ على افمام الترع عند مأخذها من النهر للتحكم في كمية المياه التي تتفرع اليها.

782. قنطرة تنظيم — **782. regulation structure**

سد لتحويل مياه الري وتنظيم دخولها الى (فم) الترعة ويكون منسوب المياه عند القنطرة أعلى منه عند المأخذ.

783. قنطرة حجز — **783. barrage**

بناء يقام عبر النهر باتساعه الكلي لرفع مستوى المياه به وتحويل جزء من مياهه إلى قناة جانبية لإغراض الري وله بوابة للتحكم في منسوب المياه عند الفيضان.

784. قوام التربة — **784. soil texture**

مصطلح يشير إلى حجم جسيمات (مقاس حبيبات) المواد غير العضوية بالتربة، ويدل على نوعية التربة من حيث سهولة أو صعوبة حرثها، ومن حيث إمكان إنماء المحاصيل بها. كلما صغر حجم الجسيمات زادت قدرة التربة على الاحتفاظ بالماء وزاد تماسكها وتطلبت مجهوداً لحراثتها.

785. قوة طرد مركزي — **785. centrifugal force**

في الأجسام المتحركة في مسارات منحنية، قوة تعمل على دفع الجسم الى الخارج بعيداً عن مركز الدوران.

786. قوس قزح — **786. rainbow**

قوس ملون يبدو في السماء نتيجة للانعكاسات والانكسارات التي تحدث في أشعة الشمس بفعل قطرات الماء المنهمرة كأمطار فتعمل كل قطرة كمنشور يحلل الضوء إلى ألوانه.

787. قياسات التربة	787. soil measurements

قياسات تجري في الأراضي الزراعية لمعرفة الخصائص المختلفة للتربة، ومن بينها درجة حموضتها، وتركيزات الأسمدة، والمحتوى المائي وتصنيفاتها وغيرها.

788. قيمة الأس الهيدروجيني	788. ph valve

مقياس لحموضة الماء (أو غيره) يتراوح بين الصفر (لأقصى- حموضة) و 14 (لأقصى- قلوية) وقيمة الأس للماء النقي = 7.

789. قيمة حرارية	789. colorific value

في الوقود، كمية الحرارة التي تنتج من احتراق وحدة وزن معينة من الوقود احتراقاً تاماً مقاساً بالوحدات الحرارية.

790. القيمة الغذائية	790. nutritional value

للأطعمة والأغذية، مقدار الطاقة الحرارية التي تعطيها وحدة وزن معينة من الطعام مقاسة بالسعرات الحرارية.

791. القيمة المضافة	791. added value

في الإنتاج (والاقتصاد) الزراعي، الفرق بين إجمالي قيمة الإنتاج (النباتي والحيواني) مقوماً بسعر البيع تسليم المزرعة، وبين إجمالي قيمة مستلزمات الإنتاج(بما في ذلك تقرير استهلاك الأصول الثابتة) مقوماً بسعر الشراء.

حرف الكاف

792. الكازين	792. casien

نوع من البروتين يترسب في اللبن المخمر بفعل الأحماض، ويستخدم طعاماً لمرضى البول السكري.

793. الكاكاو	793. cacao

شجرة دائمة الخضرة يصنع من ثمارها مسحوق الكاكاو.

794. الكالسيوم	794. calcium

عنصر فلزي من أكثر العناصر توافراً في الجسم البشري وعنصر أساس لنمو النباتات ومن عناصر مخصبات التربة.

795. كالوري	795. calorie

كمية الحرارة اللازمة لرفع درجة حرارة غرام واحد من الماء درجة حرارية واحدة.

796. كالورميتر	796. calorimeter

جهاز لقياس السعرات الحرارية (الكالوري).

797. كائن حي دقيق	797. micro – organism

كافة الكائنات الحية المجهرية الحيوانية والنباتية مثل البكتريا.

798. الكبريت	798. sulphur

عنصر لا فلزي يستخدم في صناعة المخصبات (الأسمدة) والمبيدات.

799. كبريتات الامونيوم	799. ammonium sulphate

مركب كيميائي بلوري الشكل. وهو أحد المخصبات الصناعية الأساسية للتربة الزراعية (يعرف باسم سلفات الأمونيوم).

800. كبريتات البوتاسيوم	800. potassium sulphate

إحدى المخصبات البوتاسية غير العضوية.

801. كبريتات النحاس	801. copper sulphate

مركب كيميائي يستخدم في حفظ الأخشاب وإبادة الجراثيم والحشرات.

802. كيبل (حبل) الجر	802. drag - cable

في الغابات، سلك أو حبل من الصلب يشد بين جرارين يسيران في خطين متوازيين، فيعمل على قطع الأشجار (قلع) التي تقع بين الجرارين كأسلوب من أساليب إزالة الأشجار وإخلاء الأرض.

803.الكتان	803. flax

نبات يزرع للحصول على أليافه لإغراض نسيجية وبذوره لإغراض زيتية وعلف الحيوانات.

804. كتلة	804. mass

لجسم ما، كمية المادة التي يحتويها الجسم تقاس بالغرام أو كغم.

805. الكثافة	805. density

الكثافة = خارج قسمة كتلة المادة على حجمها(غم/سم3).

806. كربنة	806. carbonation

في الصناعات الغذائية، عملية إضافة ثاني اوكسيد الكربون لعصيرها.

807. الكربون	807. carbon

عنصر لا فلزي. يوجد في كل شيء تقريبا ويشكل 50% من الوزن الجاف لمعظم المحاصيل.

808. كربونات الصوديوم	808. calcium carbonate

مركب كيميائي يدخل في تكوين كثير من المواد ويتميز بسرعة الذوبان في الماء.

809. كربونات الكالسيوم النشادرية	809. nitro – chalk

إحدى المخصبات النتروجينية، على هيئة بلورات تستخدم في مرحلة بذر البذور.

810. الكربوهيدرات	810. carbohydrates

في التغذية، مركبات من الكربون والهيدروجين والأكسجين (وهي تمثل بوجه عام المكونات الأساسية لجميع أنسجة النبات) وتقسم الكربوهيدرات إلى نشويات وسكريات وسيليلوز. يستفاد الإنسان والحيوان من النشويات والسكريات لتوليد الطاقة.

811. كرنب (لهانة)	811. cabbage

نبات يزرع بأسلوب الشتل غذاء للإنسان وعلف للحيوان.

812. كريليوم	812. crilivm

اسم تجاري لمادة اصطناعية تم التوصل اليها حديثاً ويعتبر من مواد تحسين خواص التربة، تماثل الأسمدة العضوية في انها تجعل التربة هشة وتحسن تهويتها مما يتيح تعمق جذور النباتات وسرعة النمو وزيادة الحاصل.

813. كفاءة	813. efficiency

في الآلات الزراعية، النسبة المئوية بين الشغل المستفاد منه (او الطاقة المستفاد منها) من الآلة، والطاقة التي استخدمتها الآلة لأداء هذا الشغل أي النسبة بين الطاقة الخارجة والداخلة وهي نوعان:

1. الكفاءة الحرارية   1. thermal efficiency

2. الكفاءة الكلية   2. overall efficiency

814. hydraulic efficiency	814. الكفاءة الهايدرولية

في التوربينات المائية النسبة بين القدرة عند عمود الإدارة وبين القدرة المتاحة في الماء المتدفق (عند العضو الدوار).

815. farm efficiency	815. كفاية الحقل(المزرعة)

في الري، النسبة بين كمية المياه التي تكفي حاجة الحقل سنوياً وبين إجمالي كمية المياه الفعلية التي يتم إمدادها بما يكفي تغطية أي فقد في نقلها(1م³ / هكتار).

816. clorine	816. الكلور

عنصر غازي، نفاذ الرائحة.يوجد بوفرة في كلوريد الصوديوم (ملح الطعام)، ضروري لنمو بعض النباتات، كما أنه يستخدم كمادة مطهرة ومبيدة للجراثيم.

817. sodium chlorate	817. كلورات الصوديوم

مركب كيميائي يستخدم كمبيد للأعشاب. من الصعب حمل هذا المركب باليد نظراً لاحتمال تفجره وهو جاف.

818. calcium chlorate	818. كلورات الكالسيوم

مركب كيميائي مبيد للإعشاب.

819. chlorination	819. كُلْوَرة

في مياه الشرب، معالجة المياه بالكلور لتطهيره من الميكروبات.

820. chlorophyll كلوروفيل .820

في النبات، صبغة خضراء، حيوية في عملية التمثيل الضوئي.

821. ammonium chloride كلوريد الأمونيوم .821

أحد المخصبات النتروجينية غير العضوية، سائل تتم تعبئته في خزانـات وأوعيـة. وعنـد الاستخدام يرّش على الأرض المزرعة.

822. cantour كنتور .822

خط يرسم في الخرائط ليصل بين المواقع المتساوية الارتفاع عن نقطة ثابتة.

823. electricity الكهرباء .823

من مصادر القوى والطاقة يستخدم لأغراض مزرعية وخاصة في الإنتاج الحيواني.

824. rural electrification كهربة الريف .824

مصطلح يطلق على إدخال الكهرباء في الريف لانجاز أعمال مختلفـة كالإضـاءة، وتشـغيل الأجهـزة والمعدات والتزود بالماء، وتصنيع الألبـان وإعمال التبريـد والتجميـد وصناعة الـدواجن وطحـن الحبـوب والتجفيف وغيرها من العلميات.

825. cock كومة .825

كمية صغيرة من الدريس مخروطية الشكل عادة، ورأسها إلى أعلى.

826. kilo – calorie كيلو كالوري .826

يساوي 1000 كالوري، يستخدم لقياس القيم الغذائية للأغذية المختلفة.

| 827. kilowatt | 827. كيلو واط |

يساوي 1000 واط / ساعة، يستخدم لقياس الكهرباء المستهلكة.

| 828. chemurgy | 828. الكيمورجي |

فرع من فروع الكيمياء، يتناول دراسة الفضلات الزراعية واستخدامها في الصناعة كمادة أولية للحصول (مثلاً) على وقود المحركات من كوالح الذرة وأنواع من الصوف الصناعي من الفول السوداني والكحول من سكر القصب.

| 829. biochemistry | 829. الكيمياء الحيوية |

فرع من العلوم الكيميائية تتناول العمليات الكيميائية التي تحدث في المادة العضوية ومنتجاتها الثانوية.

| 830. agricultural chemistry | 830. الكيمياء الزراعية |

فرع من علوم الزراعة يتناول التركيب الكيميائي والتغيرات الكيميائية المتعلقة بإنتاج المحاصيل. والحيوانات الداجنة ووقايتها، تشمل الأساليب التي يستخدمها الإنسان للحصول على غذائه وغذاء حيواناته وزيادة الغلة وهي العلم الرابط بين العلوم الأخرى والزراعة.

| 831. organic chemistry | 831. الكيمياء العضوية |

فرع من الكيمياء يختص بدراسة المواد التي فيها الكربون مادة أساسية وهي مركبات من أصل حيواني أو نباتي.

| 832. inorganic chemistry | 832.الكيمياء غير العضوية |

فرع من الكيمياء يختص بدراسة المواد الخالية من الكربون أو التي تحتوي على نسبة ضئيلة منه.

حرف اللام

833. لاتكس	833. latex

عصارة من أصل نباتي تُحلب عند قطع الساق أو اللحاء.. تدخل في صناعة الإصباغ والمطاط.

834. لاكتوز	834. lactose

هو سكر اللبن، مادة ثانوية في صناعة الجبن. توجد في لبن البقر. يستخدم أساساً في تغذية الأطفال.

835. لاكتومتر	835. lactometer

جهاز قياس كثافة الألبان.

836. لبن (حليب)	836. milk

أفضل شراب غذائي متكامل نحْصل عليه من الماشية.

837. لتر	837. litre

وحدة لقياس الحجوم = 1000سم^3.

838. لدائن (بلاستك)	838. plastics

مواد عضوية اصطناعية تنتج بشكل حبيبات أو سوائل أو ألـواح. تسـتخدم في البيـوت البلاسـتيكية والإنفاق لزراعة المحاصيل المحمية.

| 839. vescosity | 839. لزوجة |

في السوائل، صفة تطلق على المقاومة التي يبديها السائل ضد التدفق ومنها لزوجة زيت المحرك.

| 840. turnip | 840. اللفت |

نبات جذري يزرع كغذاء للإنسان والحيوان للاستفادة من الجذور والأوراق.

| 841. levelling beam | 841. لوح التسوية |

أو الزحافة وهي وسيلة بدائية لتسوية سطح التربة. تجرها الماشية.

| 842. torsion | 842. ليّ |

في الأجزاء المكنيـة، انفتـال (لـوي) يحـدث للعنصر ـ أو الجـزء نتيجـة وقوعـه تحـت تـأثير قـوتين متساويتين في المقدار ومتوازيتين، تسلطان عليه في اتجاهين متضادين.

| 843. lysimeter | 843. ليسمتر |

جهاز لقياس الكمية المتسربة من الماء خلال التربة.

| 844. fibre | 844. ليفة |

جمعها ألياف، وهي من النباتات الليفية (كالقطن والكتان مثلاً) خلايا ميتة طويلة، تكون غالباً على شكل خيوط تتكون من السيليلوز، تعمل على حفظ الساق.

حرف الميم

845. water	845. الماء

أساس كل شيء حي (H_2O). صوره في الطبيعة متنوعة سائل وجامد وبخـار ويكـون يسراً (صـالحاً للشرب) أو عسراً (فيه أملاح) يحتاج الى معالجات.

846. irrigation water	846. ماء الري

أي ماء يصلح لري الأراضي الزراعية.

847. intake structure	847. المأخذ

في منشآت الري، منشأ يقام عبر المجرى المائي، يعد قنطرة التنظيم (السد التحويلي) بمسافة قصيرة، لتنظيم جريان المياه الى الترع والقنوات.

848. power take – off	848. مأخذ القدرة

عمود إدارة، نهايته مسننة، لنقل القدرة من وحـدة إدارة المحرك (في الجـرار) إلى ماكنـة أو آلـة، ثابتة أو محمولة (كمضخة الري مثلاً) (★).

مأخذ القدرة power take – off

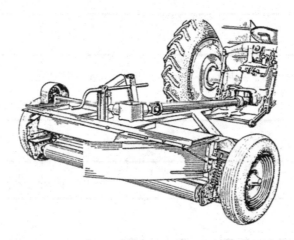

الشكل رقم (148) : تستمد بعض المعدات الزراعية حركتها من الجرار عن طريق مأخذ القدرة (أي عمود التشغيل الخارجي)

849. matter	849. مادة

أي شيء يشغل حيزاً وله وزن ويبدي مقاومة لتغيير وضعه أو حركته (المادة صلبة، سائلة، أو غازية).

850. raw material	850. مادة خام

1. في الطبيعة، أي مادة أساسية توجد منفردة أو متحدة مع عناصر أخرى.

2. في عمليات التصنيع هي المادة قبل تشغيلها للحصول على منتج نهائي.

851. fumigant	851.مادة داخنة

مادة مطهرة، لها القدرة على إبادة الآفات والفطريات عند استخدامها على هيئة دخان أو بخار أو في حالة غازية. من أمثلتها ثاني كبريتيد الكربون وغيرها.

852. organic matter
852. مادة عضوية

مادة من أصل نباتي أو حيواني.

853. inorganic matter
853. مادة غير عضوية

مادة لا يدخل الكربون في تكوينها.

854. cattle
854. الماشية

كافة الحيوانات المزرعية من أبقار وأغنام وماعز وإبل وغيرها.

855. mangels
855. المانجل (شونذر الماشية)

يشبه الجزر ويستخدم كعلف للحيوانات.

856. seal
856. مانع تسرب

في الآلات والمعدات عنصر مكني يستخدم في الوصلات المتحركة للمنع أو الحد من تسرب السوائل (زيوت مثلاً).

857. manometer
857. مانومتر

جهاز لقياس ضغط الغازات أو السوائل داخل الأنابيب.

858. heat exchanger
858. مبادل حراري

جهاز لنقل الحرارة من مائع (سائل أو غاز) أو جسم ما، الى مائع أو جسم آخر. من أمثلته المكثف والمبخر (في المحرك).

859. مباني المزرعة	**859. farmstead**

كل أنواع المباني المنشأة في المزرعة وملحقاتها بما في ذلك بناية الإدارة، وحظائر الحيوانات والورش ومباني المعدات (★).

مباني المزرعة (منشآت المزرعة) farmstead

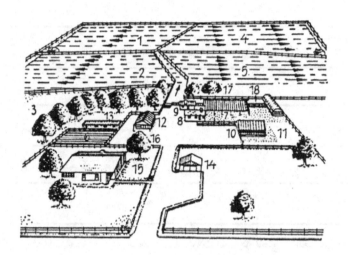

الشكل رقم (149) : رسم تخطيطي لإحدى المزارع ومبانيها

1، 2، 4، 5. حقول

3. مرعى

6. حديقة

7. حظيرة إيواء الحيوانات

8. حظيرة حلب

9. مبنى تخزين وتجهيز العلق

10. مبنى تخزين الدريس

11. صومعة

12. مبنى المعدات والصيانة

13. حظيرة دواجن

14. جراج

15. مبنى إدارة المزرعة

16. محبس مياه لمكافحة الحرائق

17. بركة مياه

18. حوض مياه

860. building	860. مبنى (بناية)

منشأ يقام لغرض معين (مخزن مثلاً).

861. pesticide	861. مبيد آفات

كل ما يبيد الحشرات (الضارة) والفطريات والجراثيم المرضية والقوارض ويشـمل المطهرات بشـكل عام. وهي أنواع:

862. germicide	862. مبيد الجراثيم

rodenticide863 .	863. مبيد القوارض

864. acridicide	864. مبيد حراري

herbicide865 .	865. مبيد حشائش

866. insecticide	866. مبيد حشري

867. nematocide	867. مبيد ديدان

868. fugicide	868. مبيد قطري

cannal869 .	869. مجرى (قناة)

أي مجرى لإغراض الري أو الملاحة.

870. conduit	870. مجرى توصيل

يصل ما بين الترعة وفتحات الري في الأراضي.

871. mole grain	871. مجرى صرف

مجرى يشق في التربة بواسطة محاريث خاصة لعرف المياه.

872. perennial stream	872. مجرى مستديم

مجرى لا ينضب ماؤه طوال أيام السنة.

873. open channel	873. مجرى مكشوف

مجرى فيه سطح الماء معرضاً للهواء مباشرة.

874. flash stream	874. مجرى ومَضي

مجرى نهر تتجمع فيه المياه بسرعة نتيجة الانحدارات المجاورة.

875. dehydrator	875. مجفف

في معاملة المحاصيل الحقلية، وفي الصناعات الغذائية جهاز لإزالة الرطوبة أو تقليلها ويعرف باسم " فرن تجفيف".

876. flax drier	876. مجفف الكتان

فرن كهربائي لتجفيف الكتان مزود بترتيبة لدفع تيار هوائي ساخن.

877. مجموعات الحركة	877. running gear

في الجرّار الزراعي، المجموعات التي تكون الهيكل الأساس للجرار، وتشمل الإطار المعدني والمحورين والفرامل وجهاز التوجيه والقيادة والعجلات أو لمسرفة.

878. مجموعات نقل الحركة	878. power train

في الجرار الزراعي، المجموعات التي تقوم بنقل القوة المولدة في المحرك إلى العجلات (أو السرفة)، وتشمل أساسا مجموعة التروس الفرقية (★).

مجموعات نقل الحركة power train

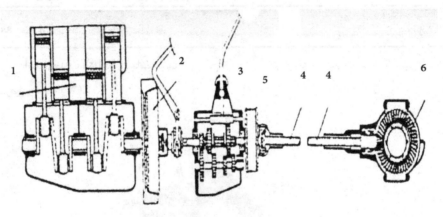

الشكل رقم (150) : رسم تخطيطي لمجموعات نقل الحركة

1. المحرك
2. القابض (الدبرياج)
3. صندوق التروس
4. عمود الإدارة الرئيسي
5. الوصلة الجامعة الحركة
6. مجموعة التروس الفرقية

879. مجموعة إدارة	. dive879

مجموعة من العناصر المكنية تستخدم لنقل القدرة (او الحركة) من آلة أو ماكنة إلى أخرى.

880. cost accounting	880. محاسبة التكاليف

نظام محاسبي لتطبيق مبادئ المحاسبة لتحقيق أفضل اقتصادية ممكنة.

881. fruit crop	881. محاصيل الفاكهة

تشمل:

1. محاصيل الأشجار المتساقطة الأوراق كالتفاح والمشمش.
2. محاصيل الأشجار المستديمة الأوراق كالموالح.
3. محاصيل الفاكهة النقلية كالجوز والبندق.
4. محاصيل الفاكهة الاستوائية كالبلح والتين.
5. محاصيل الفاكهة ذات الثمار الصغيرة كالعنب.

882. plough	882. محراث

أحد المعدات الزراعية الأساسية يستخدم للحراثة وقلب التربة وله تصميمات عديـدة منهـا القـلاب والقرصي وغيرها (★).

محراث plough

الشكل رقم (151) : منظر عام لمحراث يجره جرار

883. potato plough	883. محراث اقتلاع البطاطا

نوع من المحاريث يستخدم لقلع البطاطا (★).

محراث اقتلاع البطاطس potato plough

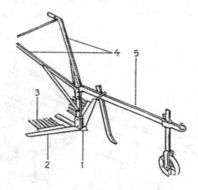

الشكل رقم (152) : محراث اقتلاع بأمشاط ثابتة

4. ذراعا توجيه	1. سلاح حفار
5. القصبة	2. الجناح
	3. أمشاط

884. peatland plough	884. محراث الأراضي المدغلة

محراث قلاب يجره جرار مسرف، يستخدم في الأراضي المدغلة.

885. orchard plough	885. محراث بساتين

محراث قرصي خاص لحراثة التربة بالقرب من جذوع الأشجار.

886. single wheel plough	886. محراث بعجلة واحدة

محراث تجره الحيوانات وله عجلة واحدة عند رأسه.

887. two – wheel plough | ‎887. محراث بعجلتين

محراث تجره الحيوانات، وله عجلتان أحدهما تسير على الارض والأخرى فيالأخدود (★).

محراث بعجلتين two – wheel plough

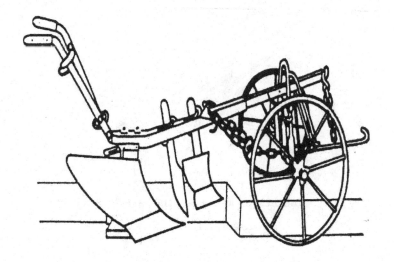

الشكل رقم (153) : رسم تخطيطي لمحراث بعجلتين

888. subsoiler | ‎888. محراث تحت التربة

محراث لتكسير الطبقات السفلية (تحت مستوى الحراثة العادي) دون مزجها مع الطبقة السطحية الخصبة، لمنع تكون طبقة صماء تحت التربة تعطل صرف المياه، وتمنع تعمق الجذور ونمو المحاصيل، يفيد في تقليل عدد المصارف الحقلية الى أدنى حد، عند تصميم نظام الديزل (★).

محراث تحت التربة subsoiler

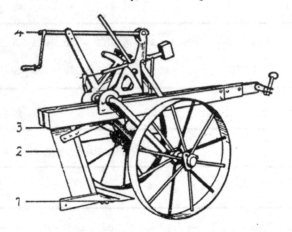

الشكل رقم (154) : محراث تحت التربة

3. الإطار	1. السلاح
4. ذارع تحديد الأعماق وضبطها	2. القصبة

---

889. ridging plough   **889. محراث تخطيط**

محراث خاص لعمل المتون (البتون) يتكون من بدنين قلابين يتجـه أحـدهما الى اليمين والآخر الى اليسار وذلك في الأراضي المحروثة.

---

890. chisel plough   **890. محراث حفار**

محراث مزود بأسلحة مدببة يفكك التربة من دون قلبها ويقطع الحشائش ويقلع جذور النباتات.

---

891. rotary plough   **891. محراث دوراني**

محراث يقوم بإعداد مرقد البذرة وتتميمه في عملية واحدة. يتكون من أسلحة فولاذية مركبة عـلى محور يستمد حركته من عمود إدارة الجرار، يخترق التربة ويفتتها جيداً.

892. drainage plough	892. محراث شق المصارف

في مشروعات الصرف واستصلاح الأراضي نوع مـن المحاريث يجـره جـرار مسرف يسـتخدم لشـق المصارف ومعالجة الأراضي الغدقة والمستنقعات.

893. forest plough	893. محراث غابات

محراث قرصي يستخدم لحراثة أراضي الغابات.

894. disc plough	894. محراث قرصي

محراث (قلاب) يستخدم لقطع وتفتيت شرائح التربة وخاصة في الأراضي الصـلبة والجافـة. الأجـزاء الفعالة بشكل أقراص فولاذية على هيئة أطباق (★).

محراث قرصي   disc plough

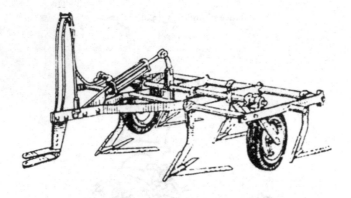

الشكل رقم (155) : محراث قرصي

| 895. under cutting plough | 895. محراث قص تحتي |

محراث يشبه المحراث الحفار، له سكة لقص التربة التحتية (تحت منطقة الحراثة) بشكل أفقي على عمق يصل الى 45 سم للحراثة كل 4 سنوات مرة لتحسين استيعاب التربة لمياه الأمطار وتكسير الطبقة الصماء (★).

| 896. turning plough | 896. محراث قلاب |

محراث يقوم بقلب التربة وتعريض طبقات الأرض السفلية للتأثيرات الجوية وفعل التحلل، ودفن أي نبات أو سماد (يكون على السطح) في باطن التربة من أنواعه المحراث القلاب والقرصي.

| 897. reversible plough | 897. محراث متقلب |

محراث يقلب شرائح الأخاديد مرة الى اليمين ومرة الى اليسار.

| 898. balance plough | 898. محراث متوازن |

محراث انعكاس (متقلب) فيه تُركب الأسلحة في مجموعتين متقابلتين، بحيث تصنعان مع بعضهما البعض زاوية حادة، مما يتيح حرث الحقل ذهاباً وإياباً دون الحاجة إلى فك المحراث وعكس اتجاهه عند طرفي الحقل (★).

محراث متوازن balance plough

الشكل رقم (156) : محراث متوازن

899. brush plough	899. محراث مستنقعات

محراث يستخدم في المستنقعات والأراضي البور.

900. mole plough	900. محراث مصارف تحتية

محراث لشق مصارف (غير عميقة)، مقواة الجوانب تحت سطح التربة.

901. mould board plough	901. محراث مطرحي

محراث، يستعمل لتفكيك أنواع عديدة من الأراضي الزراعية، وتفتيتها وقلبها ودفن بقايا المحاصيل والمواد العضوية والأسمدة العضوية بداخل التربة (★).

محراث مطرحي mould board plough

الشكل رقم (157) : منظر عام لمحراث مطرحي في أثناء العمل

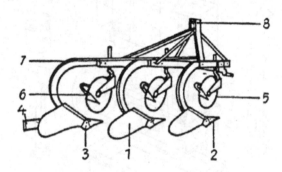

الشكل رقم (158) : رسم تخطيطي لمكونات أحد المحاريث المطرحية

1. المطرحة
2. الشفرة (السلاح)
3. الجناح
4. المسند
5. السكين
6. المكشطة القلابة
7. القصبة
8. موضع

902. engine | **902. محرك**

ماكنة لتوليد طاقة ميكانيكية باستخدام نوع أخر من الطاقة، كالطاقة الحرارية (باستخدام الوقود) أو كهربائية مثلاً.

903. Internal combustion engine | **903. محرك الاحتراق الداخلي**

محرك يعمل بالبنزين أو الغاز أو الديزل فيه يحترق الوقود فتتحول الطاقة الحرارية الى طاقة حركية (★).

محراث احتراق داخلي Internal combustion engine

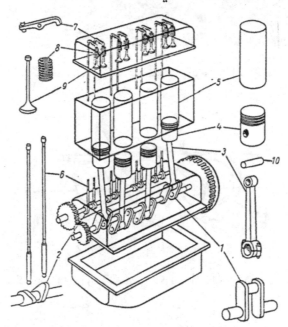

الشكل رقم (159) : المكونات الأساسية لمحرك احتراق داخلي

1. العمود المرفقي
2. عمود الكامات
3. ذراع التوصيل
4. الكباس
5. بطانة الأسطوانة (الشميز)
6. ذراع الدفع
7. الذراع المتأرجحة
8. ياى الصمام
9. الصمام
10. بنز الكباس

| 904. prime engine | 904. محرك أولي |

آلة تحول الطاقة الطبيعية الموجودة في مساقط المياه أو الهواء، أو الطاقة الحرارية الموجودة في بخار الماء (أو في الوقود عموماً) إلى طاقة حركية. من المحركات الأولية التوربينات المائية، والتوربينات البخارية، والطاحونة الهوائية ومحركات الاحتراق الداخلي وغيرها.

| 905. petrol engine | 905. محرك بنزين |

محرك احتراق داخلي يعمل بالبنزين.

| 906. diesel engine | 906. محرك ديزل |

محرك احتراق داخلي يعمل بزيت الديزل.

| 907. electric motor | 907. محرك كهربائي |

| 908. mower | 908. المحصدة (القاصلة) |

آلة لحصد (حش = قصل) نباتات العلف الأخضر كالبرسيم، وقد تستخدم لحصد محاصيل أخرى مثل الرز (★).

المحصدة (الحصادة) mower

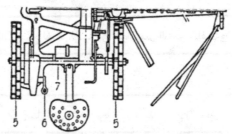

الشكل رقم (160) : مكونات إحدى المحاصد التي تجرها الحيوانات

1. جهاز الحصد	5. عجلة جر
2. لوح الحصد	6. بدال القابض
3. عمود مرفقي	7. الإطار
4. ذراع توصيل	

909. hay mower	909. محصدة الدريس

محصدة مزودة بآلية إضافية لتقليب الدريس في الهواء بعد قطعه، ثم تكويمه وربطه في حزم.

910. crop	910. محصول

أي نبات يزرعه الإنسان وينميه ويحصده للانتفاع به كغذاء لنفسه أو كعلف لحيواناته، ويشمل ذلك النباتات التي يرعى عليها الحيوان مباشرة.

911. green manure crop	911. محصول التسميد الأخضر

أي محصول نامٍ نحرثه ليكون سماد أخضر لتحسين خواص التربة.

912. cover crop	912. محصول تغطية

المحصول الذي يزرع لتغطية الأرض ووقايتها من التعرية في إثناء نمو محصول أخر. فالنجيل أو الأعشاب مثلاً تبذر مع بذور المحصول الحبي لتكسو الأرض بالخضرة في إثناء نمو المحصول، وبعد حصد المحصول يستمر النجيل أو العشب في النمو، ويمكن تركه للرعي أو تحويله الدريس. ومن المحاصيل الواقية البرسيم.

913. root crop	913. محصول جذري

محاصيل تعطى درنات تصلح لغذاء الإنسان والحيوان مثل البنجر واللفت والشوندر وغيرها.

914. cereal crop	914. محصول حبي

يطلق هذا الاسم على المحاصيل التي تنتج حبوباً تؤكل ومنها القمح والشعير والذرة والرز والشوفان.

915. field crop	915. محصول حقلي

محصول يزرع في الحقول الفسيحة، وعلى نطاق واسع مثل المحاصيل الحبية ومحاصيل العلف والألياف.

916. vegetable crop	916. محصول خضر

وهي محاصيل بستانية منها:

1. محاصيل تزرع من أجل ثمارها أو بذورها (الباذنجان والطماطم).
2. محاصيل تزرع من أجل أعضاء التخزين اللحمية (البصل والثوم).
3. محاصيل تزرع من أجل سيقانها وأوراقها (اللهانة والسلق).

917. forage crop	917. محصول علف

محصول يستخدم لتغذية الحيوانات في الشتاء.

918. subsistence crop	918. محصول كفاف

محصول للاستهلاك العائلي وليس للتسويق.

919. soil improving crop	919. محصول محسن التربة

محصول تفيد زراعته في تحسين خصائص التربة.

920. catch crop	920. محصول مؤقت

محصول ثانوي قليل الأهمية يزرع بين محصولين رئيسيين أكثر أهمية. فالبرسيم مثلاً قد يـزرع بعـد أحد محاصيل الحبوب ويحصد قبل زرع أحد المحاصيل الجذرية، يفيد المزارع في إقامة ثلاثة محاصيـل لـه في سنتين بدلاً من محصولين فقط، ويحافظ على أخضرار الأرض بدلاً من تركها خالية.

921. cash crop	921. محصول نقدي

محصول يزرعه الفلاح في جزء صغير من الأرض بهدف بيعه في السوق وقبض ثمنه نقداً للانتفاع به لحين الحصول على ناتج المحصول الرئيس المزروع في مساحات كبيرة.

922. research station	922. محطة أبحاث

في الزراعة، مركز أو موقع مجهـز بـالآلات والمعـدات والأجهـزة وحقـول التجـارب المناسبة لإجـراء الأبحاث في المجالات الزراعية المختلفة.

923. rearing station
923. محطة تربية

في الإنتاج الحيواني، محطة لتنشئة الماشية أساساً وغيرها من حيوانات المزرعة، وتربيتها، ورعايتها لأغراض مختلفة كالتسمين، أو إنتاج الحليب أو التهجين.

924. pumping station
924. محطة ضخ

في الري ومياه الشرب، محطة مزودة بمضخات وترتيبات لرفع المياه من مصادرها (الأنهار مثلاً) وضخها الى الموقع المطلوب.

925. gauging station
925. محطة قياس

في المجاري المائية، موقع في مجرى التيار المائي يزود بوسائل لقياس التدفق وتسجيله على نحو مستمر.

926. hydroelectric station
926. محطة كهرومائية

محطة لتوليد الطاقة الكهربائية بالاستفادة من منشات المياه واستغلال طاقتها في إدارة التوربينات وإمداد المولدات الكهربائية بالقوى المحركة لها.

927. solution
927. محلول

مزيج متجانس من مادتين (أو أكثر) إحداهما سائل وممكن الفصل بينهما.

928. bearing
928. محمل (كرسي)

مسند لعنصر مكني دوار، كعمود أو محور دوران مثلاً، يتلقى الأحمال التي تؤثر على ذلك العنصر، ومن المحامل الأساسية في المكائن والآلات (★).

1. محمل إنزلاقي (جلبة) sliding bearing.

2. محمل دحراجي rolling bearing.

محمل كرسي bearing

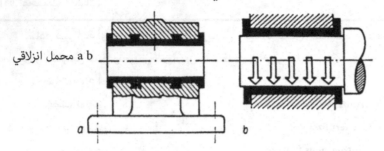

a b محمل انزلاقي
a
b

الشكل رقم (a/161، b) : محمل انزلاقي

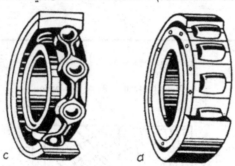

الشكل رقم (c/161، d) : محمل دحروجي

929. محول كهربائي	929. transformer

في الهندسة الكهربائية، جهاز لتحويل جهد وشدة التيار الكهربائي المتردد من مقدارين محددين إلى مقدارين آخرين بنسبة معروفة (الجهد الكهربائي × شدته = مقدار ثابت).

930. مخزن غلال (حبوب)	930. granary

مكان إنشائي لتخزين المحاصيل الحبية (الغلال) يشمل على محطة لتلقي الحبوب ونقلها، ومبنى الآلات، ومعدات معاملة الحبوب وتهيئتها للحفظ وصوامع لتخزينها، ومعدات لتجفيفها وضبط نسبة الرطوبة فيها ومعدات للوقاية وتخليص الحبوب من الأتربة.

931. fertilizer	931. مخصب (سماد)

مـادة كيميائيـة أو عضـوية توضـع في التربـة الزراعيـة لتحسـين خصائصـها ومقـدرتها عـلى إنبـات المحاصيل والأكثار من غلتها وتعويض التربة عن ما تفقده من خصوبتها.

المخصبات أنواع أهمها:

1. potash fertilizer	1. مخصب بوتاسي
2. phosphate fertilizer	2. مخصب فوسفاتي
3. nitrogenous fertilizer	3. مخصب نتروجيني

932. drainage pattern	932. مخطط الصرف

في الأراضي الزراعية رسم يبين مخططاً للمصارف ومجاري الصرف.

مخطط الصرف drainage pattern

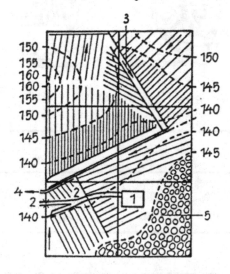

الشكل رقم (162) : نظام مخطط للصرف في إحدى المزارع يبين الشكل خطوط الكنتورات المختلفة، واتجاهات قنوات التصريف

4. مجرى فرعي	1. مباني المزرعة
5. منطقة تشجير	2. طريق
	3. مجرى صرف رئيسي

933. المخلفات | **933. parings**

مخلفات المكائن المستخدمة في تغذية الدواجن وحيوانات المزرعة.

934. مذبح | **934. slaughterhouse**

في المجازر، منشأ مزود بالآلات والمعدات والمرافق والخدمات الاساسية لأجراء عملية ذبح الماشية (أو الحيوانات الداجنة عموماً)، وما يتبع ذلك من عمليات لاعداد الذبائح للخزن والتسويق.

935. مذبح دجاج | **935. dressing plant**

وحدة (مصنع) لذبح الدجاج وتنظيفها وغسلها وفرزها وتدريجها بالأوزان وتعبئتها في أكياس وتبريدها وتجميدها وحفظها لحين التسويق، وأخرى لمعالجة المخلفات، وتصنيع وتجهيز الأعلاف الحيوانية منها.

936. مُدَرِّر ضبابي (مضبب) | **936. fogger**

جهاز رش المحاصيل بسائل على هيئة رذاذ (ذرات ضبابية).

937. مرّجَل (غلاية) | **937. boiler**

جهاز لتوليد البخار من الماء (أو من غيره من السوائل) وله تصميمان:

1. مرجل بأنابيب لهب — 1. fire - tube boiler
2. مرجل بأنابيب ماء — 2. water - tube boiler

938. مرداس (حادلة) | **938. roller**

معدة زراعية لتفتيت الكتل الترابية وكبس التربة المحروثة ودمجها ليصبح سطحها متماسكاً ومناسباً لنمو البذور. المراديس أنواع:

1. مرداس أملس (★)   3. flat roller

2. مرداس بحوافي   2. ridge roller

يتكون من مجموعة من الحلقات مركبة جميعاً بشكل سائب على محور واحـد. ولكـل حلقـة حافة ناتئة. وبمرور المرداس على التربة يترك حزوزاً تسمح بمرور مياه الإمطار من خلالها، مما يساعد على منع التعرية.

3. مرداس مجعد (★)3 cambridge roller .

مرداس أملس flat roller

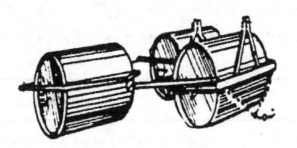

الشكل رقم (163) : مرداس أملس بثلاثة درافيل

مرداس مجعد cambridge roller

الشكل رقم (164) : مرداس مجعد

939. filter	939. مرشح

جهاز أو وسيط لترشيح مائع ما (الماء مثلاً) وتنقيته من الشوائب.

| 940. oil filter | 940. مرشح الزيت (★) |

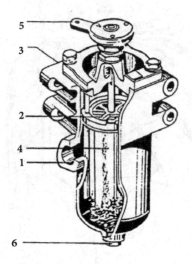

الشكل رقم (165) : مرشح زيت بأقراص معدنية

4. مكشطة	1. مدخل الزيت
5. يد تدوير وسيلة تنظيف الأقراص	2. أقراص (رقائق) ترشيح معدنية
6. سدادة تصريف الزيت	3. مخرج الزيت

| 941. air filter | 941. مرشح الهواء (★) |

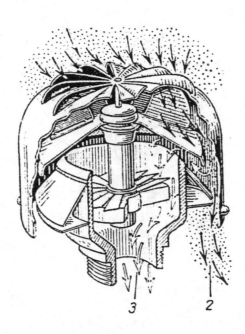

الشكل رقم (166) : صندوق حشو يستخدم في المضخات

1. دخول الهواء المحمل بالغبار والأتربة

2. التراب المفصول

3. الهواء النقي

942. fuel filter	942. مرشح الوقود (★)

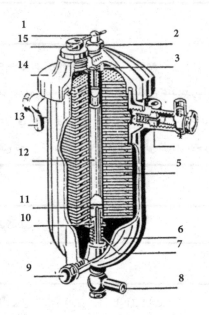

الشكل رقم (167) : مرشح الوقود الرئيسي بمحرك ديزل

1. سدادة تنفيس
2. صامولة
3. حشو
4. صمام الفائض
5. عنصر ترشيخ (قلب الفلتر)
6. وعاء (جسم) المرشح
7. ياى الضغاطي
8. ماسورة تصريف إلى مضخة حقن الوقود
9. سدادة تصريف الأوساخ
10. ماسك
11. فتحة
12. عمود مجوف (مجرى)
13. ماسورة تغذية
14. غطاء
15. سدادة مقلوظة

943. pasture	943. مرعى

1. الحشائش أو النباتات النامية التي تتغذى عليها حيوانات المراعي.

2. الأراضي (الحقول) المخصصة لرعي الحيوانات وتغذيتها.

945. ley	944. مرعى اصطناعي

مرعى مؤقت (غير طبيعي أو غير مستديم)، حيث يقوم المزارع بزراعته وخدمته على نحو جيد يكفل بقاءه أطول فترة ممكنة. يوصى فيه بخلط بذور الحشائش عند بذرها ببذور أخرى بقولية لما لها من تأثير جيد على تثبيت النتروجين في التربة وتحسين خصوبتها، فضلاً عن ما بها من أملاح معدنية أساسية لتغذية الحيوانات. عمر المرعى قصير الأجل (1 – 3 سنوات)، أو طويل الأجل (6 – 10 سنوات).

945. crane	945. مرفاع (رافعة)

وحدة رفع ذاتية الحركة لها ذراع وخطاف.

946. jack	946. مرفاع مركبات

معدة صغيرة لرفع الأحمال الكبيرة (الثقيلة) مثل المركبات.

947. farm utility vehicle	947. مركبة خدمة زراعية

أية مركبة تستخدم في الأغراض الزراعية كالسيارات والمقطورات وناقلات المياه مثلاً.

948. dumper	948. مركبة قلابة

سيارة أو مقطور تستعمل للتحميل والتفريغ آلياً (★).

مركبة قلابة dumper

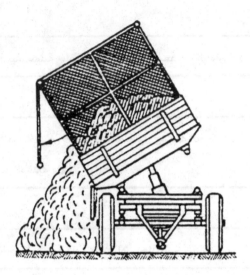

الشكل رقم (168) : مركبة قلابة يميل صندوقها إلى الجنب

949. Centre of gravity	949. مركز الثقل

نقطة تقديرية يفترض أن وزن الجسم يتركز بها. بحيث إذا علق الجسم من أي نقطة فيه فإن الخط الواصل بين نقطة التعليق وهذه النقطة يكون دائماً في وضع رأسي.

950. marl	950. مَرْل

نوع من الطين يستفاد منه في التسميد.

951. fan	951. مروحة

جهاز يتكون من دافعة دوارة ذات رياش مصممة لدفع أو سحب الهواء أو الغازات بأحجام كبيرة وضغوط منخفضة.

952. blending	952. مزج

في الصناعات الغذائية، عملية خلط مادتين (أو أكثر) ببعضهما البعض لتكوين مادة مركبة جديدة.

953. farm	953. مزرعة

أية رقعة من الأرض تخصص لاستزراع المحاصيل وتربية الحيوانات الداجنة لإنتاج المحاصيل والألبان واللحوم وغيرها من الأغذية والمواد الزراعية.

954. tree farm	954. مزرعة أشجار

مزرعة لإنبات الأشجار (مشتل) وإنمائها لأغراض تجارية.

955. dairy farm	955. مزرعة ألبان

مزرعة تربية أبقار لأغراض أنتاج الألبان (★).

مزرعة ألبان dairy farm

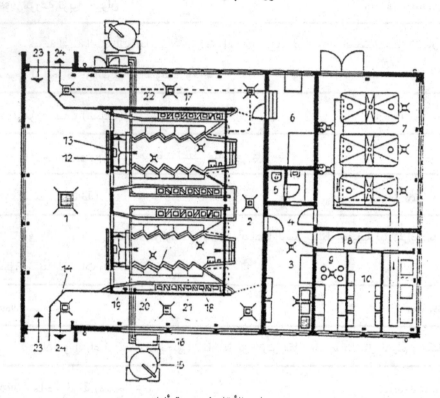

مبنى حلب الأبقار في مزرعة ألبان

1. ساحة الجمع
2. ردهة
3. غرفة الغسيل
4. مدخل إلى الغرف
5. دورة مياه
6. غرفة الغلايات
7. غرفة تخزين اللبن
8. ردهة
9. مضخة تخلخلية
10. شرفة أجهزة التشغيل الكهربائية
11. آلة تبريد
12. باب انزلاقي (يعمل بالهواء المضغوط)
13. جهاز التحكم في الباب
14. بوابة احتجاز
15. سلوة العلف
16. قادوس تغذية
17. خط التغذية
18. المعالف (المزاود)
19. مواقف (مرابط) الأبقار
20. حيز الحلب
21. ممر الأبقار
22. مسار العودة
23. المدخل
24. المخرج

956. livestock farm

956. مزرعة تربية حيوان

مزرعة لتربية الحيوانات الداجنة لأغراض مختلفة مثل تربية السلالات، الحصول على الألبان، أو اللحوم، أو الجلود، أو الفراء، أو الصوف... وغيرها.

957. feed trough

957. مزْود علف (معلف)

حوض فيه يوضع علف الحيوانات لتلتقم منه وجباتها.

958. surveying

958. مسح (مساحة)

في الأراضي، قياس سطح الأرض وتحديد شكلها وأبعادها، لرسم خريطة حقيقية لها لأغراض عديدة أهمها تحديد المساحات والملكية.

959. area

959. مساحة

في الأراضي الزراعية، مقدار ما يحتويه سطح ما من الأرض مقاساً بالوحدات مثل الدونم والهكتار.

960. soil survey

960. مساحة التربة (مسح التربة)

إجراء فحص للتربة في موقع محدد للوقوف على خصائصها، بما في ذلك قوامها وطبقاتها ومحتوى الرطوبة... الخ.

961. cultivated area

961. مساحة منزرعة

المساحة الصافية التي تجري زراعتها فعلاً.

962. porosity	962. مسامية

في التربة، النسبة بين حيز (حجم) الفراغات والحجم الكلي للعينة المأخوذة من التربة، وهي تـدل على كمية الماء التي يمكن للتربة أن تحتويها.

963. emulsion	963. مستحلب

خليط لسائلين لا يتذاوبان معاً ويكون أحدهما معلقاً في الآخر من أمثلة ذلك اللبن الذي يصنع منه الجبن بفصل قطرات دسم الزبد الطافية بمصل اللبن.

964. plantation	964. مستعمرة زراعية

مصطلح يطلق على مساحة شاسعة من الارض تزرع فيها المحاصيل (النقدية كالشاي أو المطـاط أو البن، أو قصب السكر أو الكاكاو) على نطاق واسع بنظام المحصول الواحد.

965. swamp	965. مستنقع

أرض مبتلة، توجد في المناطق المنخفضة وتغطيها عادة نباتات مائية مخضرة أو شبه متحللة.

966. bog	966. مستنقع بحيرات

أرض مبتلة رديئة الصرف، حول البحيرات عادة، وهي متروكة تغطيها المخلفات العضوية.

967. marsh	967. مستنقع سبخات

أرض رخوة مبتلة، خاليـة مـن الشـجر، مغطـاة بالحشـائش والشـجيرات الصـغيرة رديئـة الصرف وعرضة للغمر، يمكن إصلاحها أذا أحسن صرفها.

968. spray gun	968. مسدس رش

في رشاش المبيدات السائلة، جزء من جهاز يقوم بتذرية السوائل والمحاليل الكيميائية تحت ضغط عالٍ.

969. terrace	969. مسطبة

شريط من الأرض، مسطح أو مائل قليلاً، يقع على منحدرات، يماثل خطوط الكنتورات، يجري إعداده للزراعة.

970. landside	970. المسند

في المحراث القلاب (والمطرحي) الجزء (من البدن) الذي يستند في إثناء السير إلى جدار الأخدود (أو الخط) فيعمل على سند المحراث أثناء سيره.

971. nursery	971. المشتل الزراعي

مكان لإكثار النباتات بالبذور أو الطرق الخضرية وتربية البادرات أو الشتلات ثم تسويقها.

972. drinker	972. مشرب (مسقاة)

في تربية الدواجن وعاء لتقديم مياه الشرب للدواجن .

973. breading enterprise	973. مشروع تربية

في الإنتاج الحيواني، مشروع لتربية الحيوانات الداجنة ورعايتها وتصنيع العلف وتخزينه وله سياج خارجي (★).

مشروع تربية breading enterprise

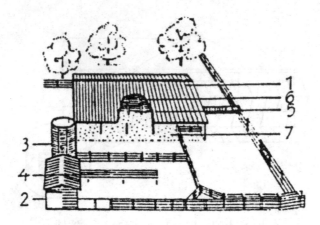

الشكل رقم (169) : المباني والمنشآت الأساسية لأحد مشروعات التربية

1. حظيرة
2. مبنى تخزين وتجهيز العلف
3. صومعة
4. معلف
5. مزود علف (دريس) داخل الحظيرة
6. بالات الدريس أو القش
7. حوض مياه

974. المشط	974. harrow

مشط ذو اسنان أو مخالب أو اقراص لتنعيم التربة (★). من أشكاله:

1. مشط التسطير (بعد البادرة) seed harrow.
2. مشط باسنان جسيئة spike - toothed harrow.
3. مشط بأسنان مرنة spring - toothed harrow.
4. المشط السلسلي chain harrow.
5. مشط قرصي disc harrow.

مشط التسطير seed harrow

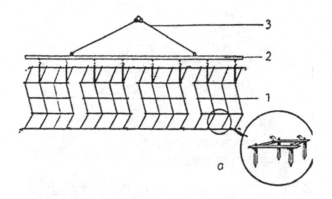

الشكل رقم (170) : رسم تخطيطي لمشط التسطير

3. قضيب الجر	1. الإطار
a. رسم مكبر للجزء	2. قضيب (حامل) المشط

مشط بأسنان جسيئة spike – toothed harrow

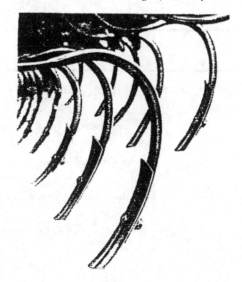

الشكل رقم (171) : مشط بأسنان جسيئة (معزقة بأسنان جسيئة)

مشط دوراني

الشكل رقم (172) : مشط دوراني

مشط سلسلي chain harrow

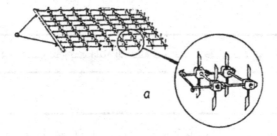

a

الشكل رقم (173) : المشط السلسلي/ a.   رسم مكبر للجزء

مشط قرصي disc harrow

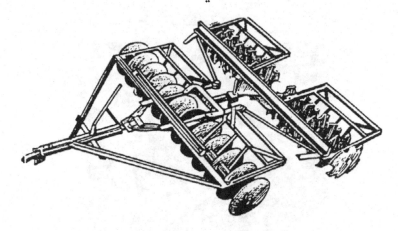

الشكل رقم (174) : مشط قرصي مزدوج (بأقراص عادية ومموجة)

975. radiator	975. مُشعْ

في الجرارات الزراعية والمركبات الأخرى، جهاز تسري فيه مياه التبريد فتتعـرض لتيـار الهـواء فتـبرد وتعود الى المحرك.

976. wasteway	976. المصب

في منشات الري، مصب لتصريف المياه الفائضة بعد سد حاجة الأرض، بواسطة بوابة سيطرة.

977. wind breaker	977. مصد الرياح

سياج من الأشجار، يعمل على تقليل سرعة الرياح والتقليل من أثار العواصف وحماية المزروعـات وتأخير حدوث الصقيع والتقليل من التبخر والمحافظة على رطوبة التربة وتوفير الظلال للحيوانات.

978. مصرف **978. drain**

في الأراضي الزراعية، مجرى يحمل المياه الزائدة عن حاجة الأرض من مياه الري لتصريفها، والمياه المستعملة في غسل الأرض عند إصلاحها، ومياه الرشح والمياه الجوفية، ومياه بعض الترع عند نهاياتها لمنع تراكمها وهي أنواع:

1. مصرف رئيس (إلى المصب) **main drain**.
2. مصرف مغطى (أنابيب) **tile drain**.
3. مصرف مكشوف (بشكل قناة) **drain cannel**.

979. مصعد **979. elevator**

سير ناقل يعمل في اتجاه راسي، أو مائل بزاوية مناسبة، لرفع المواد أو خفضها بمساعدة دلاء (★).

وهو أنواع:

1. مصعد بدلاء **bucket elevator**.
2. مصعد هزاز **vibratory elevator**.

مشط بدلاء bucket elevator

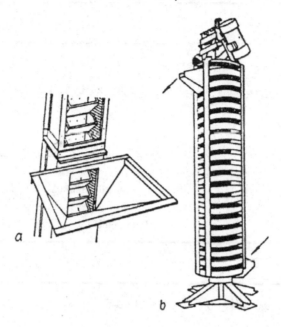

الشكل رقم (175) : تصميمان للمصعد

a- مصعد بدلاء (بقواديس)

b- مصعد هزاز (من النوع الحلزوني)

980. مصفاة (ترتيبة تصفية)	**980. strainer**

تستعمل لفصل الجسيمات الصلبة عن السوائل أو الغازات عند مرورها خلالها.

981. مَصْل	**981. serum**

سائل يحتوي على مضادات تعادل فعل البكتريا المعدية في جسم الإنسان أو الحيوان وتكسبه مناعة.

982. مصنع ألبان	982. dairy

معمل يختص بتحويل الالبان الى منتجات متنوعة.

983. مصنع جبن	983. cheese dairy

معمل يختص بتحويل الألبان إلى أجبان.

984. مصهر	984. fuse

في الهندسة الكهربائية، وسيلة أمان لحماية الأجهزة.

985. مصيدة أسماك	985. fishery

وهي نهرية وبحرية ومصائد بحيرات.

986. مضاد حيوي	986. antibiotic

مركبات عضوية تنتج بفعل بعض الكائنات الدقيقة تتميز بخواصها المضادة للبكتريا. لها استخدامات عديدة في الزراعة والطب البيطري والطب البشري.

987. مضخة	987. pump

ماكنة تحول الطاقة الآلية الى طاقة هيدرولية، تستمد حركتها من محرك ولها أنواع مختلفة:

1. مضخة ترسية (★)	1. gear pump
2. مضخة ذات رق (غشاء مرن)	2 . diaphragm pump
3. مضخة ذات رياش	3. vane pump
4. مضخة طرد مركزي	4. centriffugal pump

5. مضخة أعماق (للآبار العميقة) (★) — 5. deep well pump

6. مضخة حقن (في محركات الديزل) (★) — 6. injection pump

7. مضخة مغمورة — 7. submersaible pump

8. مضخة يدوية (★) — 8. hand pump

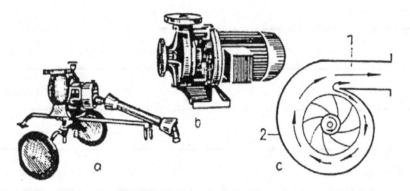

الشكل رقم (176) : مضخة طاردة مركزية

a. منظر عام لمضخة تستمد حركتها من مأخذ القدرة بالجرار

b. مضخة تستمد حركتها من موتور كهربائي

c. رسم تخطيطي للمضخة

1. الدافعة 2. بدن المضخة

منظر عام للمضخة

مضخة مركبة في موقعها

الشكل رقم (177) : مضخة أعماق

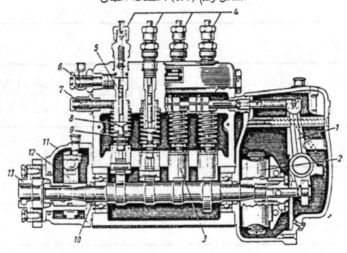

الشكل رقم (178) : مضخة حقن بالمحرك الديزل

1. ذراع الحاكم
2. الحاكم الطارد المركزي
3. أصبع غمازة
4. ماسورة تصريف الوقود
5. وحدة (عنصر) مضخ
6. ماسورة التغذية بالوقود
7. جريدة الحاكم المسننة
8. ياى انضغاطي
9. مسمار مقلوظ لضبط بدء التصريف
10. عمود الكامات
11. علبة توقيت الحقن
12. جهاز التوقيت
13. شفة (فلانشة) القارنة

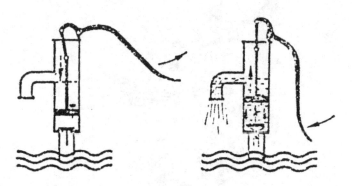

الشكل رقم (179) : رسم تخطيطي لمضخة يدوية (مضخة كنكة)

a. الكبس   b. المص

988. straw beater	988. المضرب

في جهاز الدراس أسطوانة مركبة على عمود دوار، ومركب على محيطها عدة صفوف من الأصابع (المضارب) لفصل الحبوب عن السنابل.

989. rice mill	989. مضرب رز (أرز)

وحدة إنتاجية لفصل القشور عن حبوب الرز.

990. natural rubber	990. المطاط الطبيعي

منتج يستخلص من شجر المطاط.

991. flour mill	991. مطحن دقيق

مطحن فيه تجرى سلسلة من العمليات المتعاقبة لإنتاج الدقيق من الحبوب.

992. مطحنة (طاحونة)	992. mill

آية ماكنة أو آلة تستخدم في طحن المواد.

993. مطحنة حبوب	993. grain griagding mill

منشأة لطحن الحبوب تحتوي على خطوط إنتاجية ومعدات للتنظيف والنقل والطحن والنخل والتعبئة.

994. المطر	994. rain

مياه متساقطة من السحب لها أهمية كبيرة للزراعة.

995. مطر اصطناعي	995. artificial rain

1. قذف السحب من أعلى بكريات صغيرة من الثلج الجاف لإسقاط المطر.
2. إشباع السحب من أسفل بدخان يوديد الفضة.
3. حقن السحب من أسفل بقطرات المياه.

996. المطرحة القلابة	996. mouldboard

في المحاريث نوعان من الأبدان:

1. بدن ذو جناح قلاب بقلب التربة قلباً تاماً.
2. بدن ذو جناح قلاب لطرح التربة جانباً (قلب جزئي).

997. مطهر مانع للعدوى	997. disinfectant

أي مادة كيميائية معقمة، تقضى على مسببات العدوى.

998. مطهر مانع للعفونة	998. antiseptic

أي مادة كيميائية مانعة للعفونة أو مبطئة لعمليات التحلل.

999. معالجة البذور	999. seed treatment

الأساليب والعمليات الكيميائية التي تجري لوقاية البذور من الأمراض والآفات، أو للتحكم في نموها.

1000. معالجة المياه	1000. water treatment

تنقية المياه وإعدادها لتكون صالحة للشرب والاستخدامات الصناعية والزراعية.

1001. المعالجة باللهب	1001. fame cultivation

استخدام اللهب في مقاومة الإعشاب الضارة.

1002. مُعاملِ الارتباط	1002. correlation

في الإحصاء، درجة العلاقة بين متغيرين متلازمين.

1003. معامل التصرف	1003. oeficient of discharge

في الري، النسبة بين معدل التصرف (التصريف) الفعلي عند مقطع معين من النهر أو أي مجرى مائي آخر، وبين معدل التصرف المثالي (المحسوب نظرياً).

1004. معامل الصرف | **1004. coeficient of drainage**

المعدل المائي للصرف، وهو متوسط كمية المياه المنصرفة من الحقل إلى المصرف في وحدة زمنية معينة.

1005. معاملة الحبوب | **1005. grain processing**

سلسلة من العمليات المتعاقبة تجرى على المحاصيل الحبية من بعد حصادها واستخلاص الحبوب وفرزها وتدريجها وتجفيفها ووقايتها وتخزينها.

1006. معاملة الفواكه | **1006. fruit processing**

سلسلة متعاقبة من العمليات تجرى من بعد جمع الثمار لأعدادها وتجهيزها للتسويق.

1007. معاملة المحاصيل | **1007. crop processing**

1. تهيئة المحاصيل الزراعية المحصودة وإعدادها للاستعمال أو التصنيع أو الخزن وغيرها من العمليات.
2. سلسلة العمليات التي تجرى على فضلاتها لصناعة علف الحيوانات.

1008. معاملة محاصيل الأعلاف | **1008. forage processing**

سلسلة العمليات المتعاقبة التي تجري على المحاصيل العلفية لإعدادها وخزنها واستهلاكها أو تسويقها.

1009. معبر | **1009. bridge**

قنطرة عبور على مجرى مائي لتسهيل المرور (العبور) يصنع المعبر من الخشب أو الحجارة أو الخرسانة.

1010. equipment	1010. معدات

مصطلح عام يطلق على العدد والأدوات والتجهيزات والوسائل والمهمات التي تستخدم على وجـه مباشر أو غير مباشر في العمليات الإنتاجية المختلفة.

1011. farm machinery	1011. معدات المزرعة

المعدات المستخدمة في الزراعة.

1012. machinery	1012. معدات آلية

1. seeding equipment	1. معدات بذار
2. fertilizer equipment	2. معدات تسميد
3. dusting equipment	3. معدات تعفير
4. disintegration equipment	4. معدات تفكيك المواد
5. air conditioning equipment	5. معدات تكيف الهواء
6. grain cleaning and grading	6. معدات تنظيف الحبوب وتدريجها
7. steam generating equipment	7. معدات توليد البخار
8. power generating equipment	8. معدات توليد القوى
9. mixing equipment	9. معدات خلط الهواء
10. spraying equipment	10. معدات رش
11. irrigation equipment	11. معدات ري
12. drainage equipment	12. معدات صرف
13. cooking equipment	13. معدات طبخ الأغذية

14. mechanical separating equipment | 14. معدات قصل المواد

15. materials handling equipment | 15. معدات مناولة المواد

16. mechanical equipment | 16. معدات ميكانيكية

17. power transmitting equipment | 17. معدات نقل القوى

18. rate of evaporation | 18. معدات التبخر

19. rate of flow | 19. معدات التدفق

| 1013. cultivator | 1013. معزقة |

آلة عزق بين المروز لخدمة المحصول النامي.

| 1014. fallow cultivator | 1014. معزقة الأراضي المراحة (البور) |

معزقة ذات تصميم خاص تستخدم لعزق الأراضي البور (★).

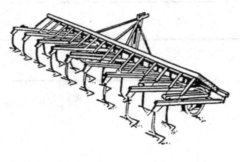

الشكل رقم (180) : نوع من معازق الأراضي المراحة

| 1015. rotary cultivator | 1015. معزقة دورانية |

معزقة ذات أجزاء فعالة دورانية (★).

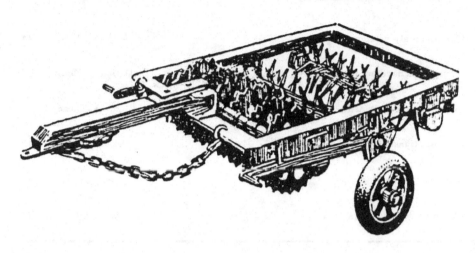

الشكل رقم (181) : معزقة دورانية

1016. scalper	1016. معزقة غابات

لعزق ترب الغابات الكثيرة المخلفات النباتية.

1017. hatchary	1017. معمل تفريخ

معمل متكامل لتربية الدواجن

1018. carburetter	1018. مغذي (كاربوريتر)

مبخر الوقود في محركات البنزين (★) .

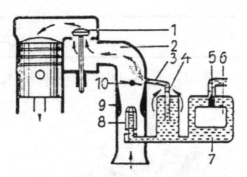

الشكل رقم (182) : الفكرة الأساسية في عمل المغذي

1. صمام السحب
2. ماسورة السحب
3. ماسورة التغذية بالوقود في سرعات التباطؤ
4. منفث وقود سرعات التباطؤ
5. إبرة العوامة
6. العوامة
7. غرفة العوامة
8. المنفث الرئيسي
9. أنبوب فنتوري (أنبوب اختناق)
10. الصمام الخانق (المخنق)

1019. المغنيسيوم — **1019. magnesium**

عنصر فلزي لازم لعملية التركيب الضوئي.

1020. مفرمة دريس — **1020. chaff cutter**

آلة تقطيع التبن والسيقان ومخلفات النبات.

1021. مفيض تصريف — **1021. spillway**

مجرى جانبي لاستقبال مياه الفيضان الزائدة في الانهار.

1022. weed control	1022. مقاومة الحشائش الضارة

مقاومة الحشائش الضارة بالعزق واستخدام المبيدات والحرق (★).

الشكل رقم (183) : مقاومة الحشائش

1023. divider	1023. المقسم

في آلات الحصاد جزء مخروطي الشكل يستخدم لتخليص سيقان المحاصيل المتشابكة (★).

2

الشكل رقم (184) : المقسم

1. منظر عام للمقسم في مقدمة آلة حصاد

2. رسم توضيحي للمقسم

| 1024. grass shears | 1024. مقص حشائش |

مقص لتهذيب وتشذيب الحشائش في الحدائق.

| 1025. crop – irrigation requirement | 1025. مقنن المحصول من مياه الري |

الجزء النظري من مؤونة الماء الواجب استمداده أو توريده من مياه الري، وهو يساوي حسابياً مؤونة الماء مطروحاً منها التسرب الفعلي.

| 1026. consumptive use of water | 1026. المقنن المائي |

في الري، يطلق على مجموع الكميات اللازمة من مياه الري لمساحة معينة من الأراضي الزراعية ما يكفل سد حاجات المزروعات (ويدخل في ذلك الكميات المفقودة داخل التربة والمتبخرة من سطحها) دون فقد أو إسراف.

| 1027. farm duty | 1027. المقنن المائي للحقل |

في الري، كمية المياه التي تكفي لري الحقل ويعبر عنه بعمق (ارتفاع) الماء فوق الرقعة المروية.

1028. evaporimeter	1028. مقياس التبخر

جهاز يستخدم لقياس التبخر في المحاليل.

1029. vacuum gauge	1029. مقياس التخلخل

جهاز يستخدم لقياس الضغوط التي تقل عن الضغط الجوي.

1030. penetro meter	1030. مقياس التغلغل

جهاز لقياس مقاومة التربة للتغلغل.

1031. current meter	1031. مقياس التيار

جهاز قياس سرعة تدفق تيار المياه في المجاري المائية.

1032. acidmeter	1032. مقياس الحموضة

جهاز قياس درجة الحموضة في السوائل والمحاليل.

1033. compress ometer	1033. مقياس الضغط

في الصناعات الغذائية، جهاز لقياس الضغط في الأوعية المغلقة بإحكام.

1034. alkalimeter	1034. مقياس القلوية

جهاز لقياس نسبة المادة القلوية في السوائل والمحاليل.

1035. viscosimeter	1035. مقياس اللزوجة

جهاز لقياس لزوجة السوائل (كالزيوت مثلاً).

| | 1036. areameter | 1036. مقياس المساحة |

في آلات تسطير البذور جهاز (عداد) لتسجيل مساحة الأرض التي تم بذرها أو غرسها بالشتلات.

| | 1037. rain gauge | 1037. مقياس المطر |

جهاز لقياس كمية المطر المنهمر وذلك من خلال ارتفاعـه بالسـنتمترات في مسـاحة معينـة لجمـع المطر (★).

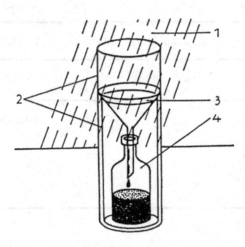

الشكل رقم (185) : رسم تخطيطي لمقياس المطر

1. المطر   3. قمع

2. وعاءان أسطوانيان   4. وعاء جمع

| | salinometer .1038 | 1038. مقياس الملوحة |

جهاز لقياس المحتوى الملحي في محلول مائي.

1039. flour luminosity meter | 1039. مقياس نصوع الدقيق

مقياس يستخدم في مطاحن الدقيق لقياس وتسجيل درجة لون الدقيق الأبيض في إثناء العمليـات الإنتاجية.

1040. pest control | 1040. مكافحة الآفات

تجرى مكافحة (مقاومة) الآفات الزراعية بأساليب متعددة منها الوقائية والكيميائية والبيولوجية.

1041. aerial fire control | 1041. مكافحة جوية للحرائق

مكافحة الحرائق الكبيرة في الغابات والحقول الواسعة بالطائرات.

1042. press | 1042. مكبس

آلة لتشكيل المواد ومنها:

1. feedstuff press | 1. مكبس علف

2. baling press | 2. مكبس دريس

1043. condenser | 1043. مكثف

جهاز لتحويل الأبخرة إلى قطرات سائلة.

1044. capacitor | 1044. مكثف كهربائي

وسيلة لخزن الكهرباء الإستاتية (الساكنة).

1045. scraper | 1045. المكشطة (المقشطة)

وسيلة لتخليص الأسطح الداخلية للأقراص في المحاريث القرصية، من أجزاء التربة العالقة بها.

| 1046. machine | 1046. ماكينة (مكنة) |

آية وسيلة مكنية تقوم بتحويل القوة أو الطاقة من صورة إلى أخرى أو نقلها أو الاستفادة منها.

من أمثلتها:

1. fleecing machine	1. ماكنة جز الصوف
2. hay machine	2. ماكنة عمل الدريس
3. hay sweep	3. مكنسة الدريس

| 1047. common salt | 1047. ملح الطعام |

الملح الاعتيادي المستخدم في الطعام والأغذية.

| 1048. salinity | 1048. الملوحة |

محتوى السائل من الملح (جزء في الالف).

| 1049. climate | 1049. مناخ |

متوسطات الأحوال الجوية لمنطقة ما خلال فترة زمنية معينة (30 سنة على الأقل). عناصر المناخ عديدة أهمها الحرارة والرطوبة والرياح والعواصف والسحب والغيوم والأمطار والأبخرة وغيرها.

أنواع المناخ ودلالاته:

1. equatorial climate	1. مناخ استوائي (خط الاستواء)
2. artificial climate	2. مناخ أصطناعي (التحكم المناخي)
3. macro climate	3. مناخ إقليمي (منطقة معينة)
4. soil climate	4. مناخ التربة (الحرارة والرطوبة فيها)
5. tropical climate	5. مناخ المناطق الاستوائية (منطقة)
6. micro climate	6. المناخ المحلي (منطقة محدودة مثل الغابة)

1050.immunity .1050 مناعة

1. في أمراض الحيوان مقاومة المرض طبيعياً أو بالاكتساب.

2. في مكافحة الآفات الزراعية، المقاومة للمبيدات بحيث تصبح المبيدات غير فعالة.

1051. rotation .1051 المناوبة

في الري، نظام توزيع مياه الري في الترع في أيام معينة تتحدد بأنواع المزروعات ومواسمها، بهدف الاقتصاد بالماء والعدالة بالتوزيع.

1052. materials handling .1052 مناولة المواد

حمل المواد وتحريكها ونقلها من مكان الى آخر.

1053. dairy products .1053 منتجات الألبان

1054. milk products .1054 منتجات لبنية

1055. meat products .1055 منتجات لحوم

1056. agricultural products .1056 منتج زراعي

كافة المنتجات النباتية والحيوانية.

1057. manganese .1057 المنجنيز

عنصر فلزي، نقصه يؤدي إلى عدم تكوين الكلوروفيل في مواضع كثيرة من النبات.

1058.rating curve .1058 منحنى التقنين

في المجاري المائية، رسم بياني يوضح التصريف في المجرى عند أعماق مختلفة، فيه يمثل المحور الرأسي عمق المياه، بينما يمثل المحور الأفقي التصريف(مقاساً بالوحدة متر مكعب بالساعة أو قدم مكعب بالساعة).

1059.depression	1059. منخفض جوي

مركز ضغط جوي منخفض، مع ما يحيط به من رياح تهب في اتجاه عقارب الساعة في نصف الكرة الجنوبي، وفي عكس اتجاه عقرب الساعة في نصف الكرة الشمالي. يتكون المنخفض الجوي عند الحدود بين كتل الهواء الساخن والهواء البارد. يكون الطقس العاصف عادة مصحوباً بمنخفض جوي (سيكلون).

1060. elevation	1060. المنسوب (المستوى)

مستوى موقع (أو نقطة) ما، في المساحة الزراعية، وهو الارتفاع النسبي لهذا الموقع مقارناً بارتفاع نقطة القياس الثابتة.

1061. head	1061. المنسوب (المائي)

في المنشات المائية، وفي وحدات الضخ هو الفرق في الارتفاع بين أعلى موضع للماء وأدنى موضع له ويعبر عنه بفرق الارتفاع (م).

1062. water table	1062. منسوب المياه الجوفية

ستوى الساكن للمياه (خط التشبع في جوف الأرض).

1063. irrigation works	1063. منشآت الري

منشآت تنظيم المياه والانتفاع بها (★).

منشآت الري irrigation works

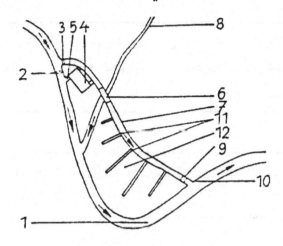

الشكل رقم (186) : مخطط عام لشبكة ترع والمنشآت المقامة عليها

1. المجرى الرئيسي
2. سد تحويلي
3. المأخذ
4. حوض ترسيب
5، 10. مجرى صرف المياه الزائدة
6. قناة اصطناعية
7. قناة (ترعة)
8. ترعة فرعية
9. مخرج
11. تفريعة
12. الأراضي الزراعية

1064. منشار ميكانيكي (آلي)	1064. power saw

في الغابات منشار آلي يستخدم لقطع الأشجار وتجهيز أخشابها.

1065. منظم الجهد الكهربائي	1065. cut - out

في دوائر المولدات الكهربائية (في الجرارات مثلاً) وسيلة لحماية المولد(الدينامو) من التيارات الكهربائية الشديدة التي تسري في الاتجاه المعاكس، من البطارية الى لفائف عضو الإنتاج بالمولد.

| 1066. capacity curve | 1066. منحنى السعة |

رسم يبين حجم المياه في الخزان عند أي مستوى.

| 1067. governor | 1067. منظم السرعة (الحاكم) |

في محركات الاحتراق الداخلي، جهاز يعمل على تنظيم سرعة المحرك والمحافظة عليها في حدود معينة.

| 1068. putverizer | 1068. مهرسة (حادلة) |

من معدات تتميم مرقد البذرة. تشبه المرداس من حيث الشكل وتفضل في الأراضي الطينية (★).

مهرسة putverizer

الشكل رقم (187) : مهرسة تتكون من أقراص عادية ومسننة

| 1069. constructional materials | 1069. مواد الإنشاءات |

المواد الإنشائية المستخدمة في الإنشاءات الزراعية مثل السدود والمساكن والحظائر وغيرها.

| 1070 . levelling | 1070. موازنة |

في المساحة، أسلوب لتحديد الفرق النسبي في الارتفاع بين موضعين باستخدام قائم ومنظور القراءة.

1071. starter	1071. موتور بدء الحركة

في الجرارات والسيارات موتور كهربائي بتيار مستمر يستمد حركته من البطارية لتوليد عـزم دوران كبير يكفي لبدء حركة المحرك (★).

موتور بدء الحركة (مبدئ الحركة) starter

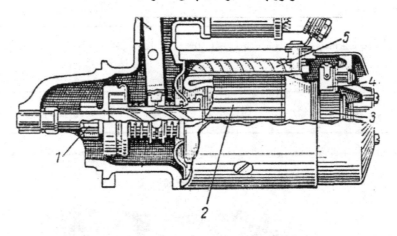

الشكل رقم (188) : موتور بدء الحركة بالجرار الزراعي

1. ترس البنيون
2. عضو الإنتاج (البوبينة)
3. عضو التوحيد
4. فرشاة كربونية
5. لفائف المجال
6. مفتاح تشغيل بملف لولبي
7. ذراع تعشيق

1072. natural resource	1072. مورد طبيعي

الحيوانات والنباتات، أو الثروات الطبيعية الأخرى مثل الغابات والمياه ومصادر الطاقة والمعادن وغيرها.

| 1073. morphology | 1073. المورفولوجيا |

فرع من العلوم الزراعية يبحث في الخواص الشكلية للتربة والأرض (وأحيانا شكل الحيوانات والنباتات).

| 1074. feeder distributor | 1074. موزع علف |

أي ترتيبة تقوم بتوزيع العلف في مواقع التغذية وفق نظام (وجبات أو مستمر).

| 1075. growing season | 1075. موسم الزراعة |

الفترة في السنة التي يتهيأ فيها الرخاء والإمطار المناسبين لزرع المحاصيل وإنمائها.

| 1076. molybdenum | 1076. الموليبدين (الموليبدتيوم) |

عنصر فلزي ضروري للنباتات لتخفيض كمية النترات في الأوراق والقمم النامية، كما أنه جزء من النظام الإنزيمي الذي يحول النترات إلى مركبات أمونيوم عند تكوين الأحماض الأمينية، ويؤدي نقصانه الى تراكم النترات في الأنسجة وتقليل كميات الكلوكوز والنشا، وزيادة كميات الفسفور المعدني يضاف العنصر ـ هذا مع الماء أو أي سماد أو مبيد آفات.

| 1077. fumigator | 1077. مولد دخان |

في مكافحة الآفات الزراعية، جهاز لتوليد الدخان والغازات وبثها لإبادة الآفات الزراعية.

| 1078. electric generator | 1078. مولد كهربائي |

جهاز لتوليد الطاقة الكهربائية من الطاقة الآلية، ويمكن تقسيمه إلى نوعين:

1. alternator   (★) مولد تيار متردد .1

2. dynamo   (★) مولد تيار مستمر .2

مولد كهربائي electric generator

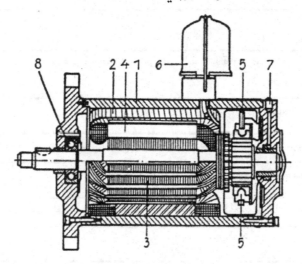

الشكل رقم (189) : مولد كهربائي (دينامو) من النوع المستخدم في الجرارات الزراعية

1. البدن
2. لفائف المجال
3. عضو الإنتاج (البوبينة)
4. عضو التوحيد
5. الفرش الكربونية
6. قاطع وواصل المنظم (الكات آوت)
7. مشحمة
8. محمل ذو كريات

1079. مياه إرتوازية	1079. artesian

مياه تسربت إلى جوف الأرض وتجمعت بين طبقتين غير منفذتين لها.

1080. مياه الينابيع	1080. spring water

المياه التي توجد على أعماق كبيرة نسبيا، متغلفة في طبقات الأرض وتخرج على هيئة ينابيع تصلح للشرب والري.

1081. المياه الجوفية — 1081. groundwater

الياه المتجمعة في جوف الأرض بعد تسربها من سطحها (من الترع والأنهار والتربة عموماً) وهي عميقة أو سطحية (★).

المياه الجوفية groundwater

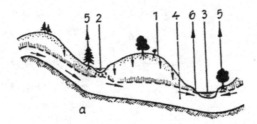

الشكل رقم (190) : رسم تخطيطي يبين تكونات المياه الجوفية

a. نطاق التشبع بالمياه الجوفية

1. المياه المتسربة بعد الأمطار
2. مجرى نز
3. مجرى رشح
4. منسوب المياه الجوفية
5. نتح
6. بخر

1082. المياه السطحية — 1082. surface water

المياه التي توجد في الطبقة السطحية المتاخمة لمجاري المياه بعد تسربها من الانهار وقت الفيضانات ومن الترع عند ارتفاع منسوبها (★).

المياه السطحية surface water

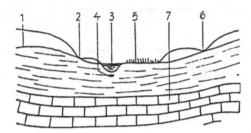

الشكل رقم (191) : حركة المياه السطحية

5. مستنقع	1. منسوب المياه
6. جدول	2. ينبوع
7. طبقة غير منفذة	3. نهر سطحي
	4. نهر تحت السطح

1083. mesology   1083. الميسولوجيا

فرع من العلوم يتناول العلاقة بين الإحياء (الكائنات الحية) والنبات أو الأوساط التي تعيش فيها.

1084. mechanics   1084. الميكانيكا

علم يتناول حركة الأجسام وسكونها. ينقسم إلى الـديناميكا (حركة الأجسـام) والاستاتيكا (ثبـات الأجسام) ويتناول اتزان الأجسام وسكونها تحت تأثير القوى المسلطة عليها.

1085. soil mechanics   1085. ميكانيكا التربة

فرع من العلوم يتناول فحوصات التربة واختباراتها من حيث التركيب وتكوينها وتصنيفها، ومـدى تماسكها واحتفاظها بالمياه، ومدى استمرارها أو انجرافها بفعل الماء أو الرياح أو العوامل الجوية الأخرى.

1086. مكننة **1086. mechanization**

في الزراعة، استخدام الآلات والمعدات الإلية لتأدية العمليات، من أهدافها

1. السرعة في انجاز العمليات الزراعية.
2. زيادة الانتاج الزراعي (النباتي والحيواني).
3. تخفيض التكاليف (دينار / هكتار، أو دينار / طن).
4. الاقتصاد في الجهد البشري أو جهد الحيوان المبذول.
5. الاسراع في التوسع الزراعي الافقي.
6. تحسين بنية التربة الزراعية، وخاصة الثقيلة منها.

حرف النون

| 1087. noria | 1087. ناعور (ناعورة = ساقية) |

عجلة مائية، آلة قديمة لرفع المياه (لأغراض الري أساسا)، تديرها الحيوانات، كفؤة ولكن لا ترفع المياه من أعماق كبيرة تزيد على 10 م.

| 1088. centrifugal blower | 1088. نافخة بالطرد المركزي |

مروحة تدفع الهواء بالطرد المركزي بكميات وفيرة تستخدم للتهوية.

| 1089. elevating blower | 1089. نافخة رافعة |

مروحة طرد رافعة لحمل الحبوب بكميـات كبـيرة إلى الأمـاكن المرتفعـة، كالصـوامع (السـايلوات) (★).

نافخة رافعة elevating blower

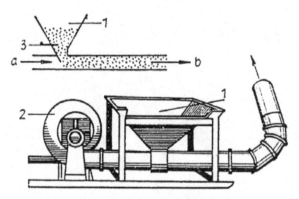

الشكل رقم (192) : رسم تخطيطي للنافخة الرافعة

a. دخول الهواء   b. خروج الهواء والحبوب

1. قادوس   3. منظم

2. مروحة دافعة

| 1090. blower | 1090. نافخة هواء |

مروحة تدفع الهواء لنقل الحبوب إلى أماكن تخزينها.

| 1091. conveyor | 1091. ناقل (ناقلة) |

ترتيبة لنقل الحبوب أو المواد الجامدة من موقع لآخر على نحو مستمر. من إشكاله السير والحلزون.

| 1092. loading conveyor | 1092. ناقلة رافعة |

نوع من السيور المتحركة لنقل (تحميل) بعض المنتجات الزراعية تأخذ الشكل المائل غالباً وتعمل آليا بمساعدة محرك (★).

ناقلة رافعة loading conveyor

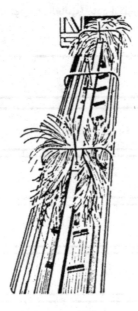

ناقلة دريس

ناقلة (شاحنة) للمحاصيلة الزراعية

الشكل رقم (193) : تصميمان لناقلة الرافعة

1093. plant	1093. نبات

كائن حي ثابت في العموم، يحتوي (في الغالب) مادة الكلوروفيل وتستطيع إنتاج غـذائها ذاتيـاً في عملية التركيب الضوئي وهي أنواع:

1094. annual plants	1094. النباتات الحولية

1095. perennial plants	1095. النباتات المعمّرة

1096. nursery plants	1096. نباتات المشتل

1097. legume	1097. نبات بقلي

1098. medicinal plants	1098. نبات طبي

1099. fibre plant	1099. نبات ليفي

1100. tranpiration ‏نتح .1100

عملية يتم فيها انتقال الماء من التربة عن طريق جذور النباتات وأوراقها إلى الجو على هيئة بخـار ويتوقف مقداره على المساحة السطحية للأوراق.

1101. nitrate ‏نترات .1101

أملاح حامض النتريـك، سـهلة الـذوبان في المـاء. قـد يوجـد بشـكل رواسـب طبيعيـة مثل نـترات الكالسيوم ونترات الأمونيوم.

1102. ammonium nitrate ‏نترات الأمونيوم .1102

إحدى المخصبات الأساسية للتربة الزراعية لاحتوائها على نسبة عالية من النتروجين الضروري لنمـو النبات.

1103. sodium nitrate ‏نترات الصوديوم .1103

مركب بلوري يستخدم مخصباً للترب الزراعية.

1104. calcium nitrate ‏نترات الكالسيوم .1104

من المخصبات الصناعية، ينتج اصطناعياً بتثبيت النتروجين الجوي.

1105. nitrification ‏نترتة .1105

إضافة مجموعة النترات الى مركب ما لصناعة المخصبات النتروجينية.

1106. nitrogen ‏النتروجين.1106

عنصر غازي حيوي لحياة الكائنات الحية (الحيوان والنبات) يستفيد منه النبات لتكوين البروتينات التي يستفيد منها الإنسان والحيوان لإنتاج اللحوم والطاقة.

1107. broad casting	1107. نثر (نشر)

أسلوب من أساليب نثر البذور أو وضع السماد في التربة على نحو عشوائي وذلك بمساعدة الآلـة أو يدوياً.

1108. copper	1108. النحاس

عنصر فلزي أساسي لتكوين الكلوروفيل وأحـد المكونـات الأساسـية لـبعض الأنزيمـات المؤكسـدة في النبات. مصدره كبريتات النحاس التي ترش أو تعفر بها أوراق النباتات أو التربة.

1109. scour	1109. نحر (انجراف)

عملية عزل مادة ما من قاع مجرى مائي.

1110. dew	1110. الندى

قطرات الماء المكثفة على الأسطح الباردة المكشوفة. تنتج القطرات من تكثف بخار الماء الموجود في الهواء، ومن البخار الناتج من الأرض الدافئة بفعل الإشعاع.

1111. seepage	1111. نَزّ (تسرب)

ارتشاح كمية صغيرة من الماء خلال التربة، أو قاع المجرى المائي غير المبطن، يعبر عنه بعمـق المـاء المتسرب خلال وحدة زمنية محددة.

1112. dehydrogenation	1112. نزع الهيدروجين

نزع الهيدروجين من مادة ما بالوسائل الكيميائية.

1113. hygroscopic coefficient	1113. نسبة الإسترطاب

النسبة المئوية للرطوبة التي تمتصها التربة الجافة من الهواء المشبع بها عند درجة حرارة معينة.

1114. compression ratio	1114. نسبة الانضغاط

في محركات الاحتراق الداخلي، النسبة بين الحجم المزاح مضافاً اليه حجم الخلوص المتبقي في الاسطوانة.

1115. forg	1115. النسر

في المحراث القلاب (المطرحي)، الجزء الأساس من البدن الذي يوصل به السلاح والمسند والجناح القلاب.

1116. sawing	1116. نشر

عملية قطع المعادن والأخشاب بالمنشار.

1117. starch	1117. نشا

مادة كربوهيدراتية توجد في الحبوب وأوراق النباتات الخضراء تستخدم في صناعة الأطعمة من أنواعه:

1. maize starch   1. نشا الذرة

2. potato starch   2. نشا البطاطا

3. wheat starch   3. نشا القمح

1118. leaching	1118. نَضّ

عملية استخلاص شيء من شيء آخر مثل استخلاص الأملاح من التربة عند غسلها في الاستصلاح.

1119. zone of saturation	1119. نطاق التشبع

الطبقة الأرضية التي تلي منسوب (مستوى) سطح الماء في جوف الأرض.

| 1120. regime | .1120 النظام (المائي) |

في الأنهار، مصطلح يطلق على التغيرات التي تحدث في حجم التدفق بالنهر حسب المواسم.

| 1121. metric system | .1121 النظام المتري للقياسات |

نظام عالمي للقياسات يعتمد المتر وأجزاءه وهناك نظام آخر يدعى النظام البريطاني British system أساسه البوصة ومضاعفاتها.

| 1122. permeability | .1122 النفاذية |

النفاذية خاصية السماح بمرور سائل ما خلال وسط مسامي. درجة النفاذية في الترب الرملية أكبر منها في الترب الطينية.

| 1123. tunnel | .1123 نفق مائي |

مجرى مائي ينشأ داخل التلال أو الأراضي ذات الطبوغرافية الخاصة، لنقل المياه عبرها.

| 1124. freezing point | .1124 نقطة تجمد |

درجة الحرارة التي يصبح عندها السائل جامداً. نقطة تجمد الماء صفر وفقاً للتدرج المئوي.

| 1125. willting point | .1125 نقطة الذبول |

في النبات، الحد الذي لا يتمكن بعده النبات من امتصاص حاجته من المياه من التربة.

| 1126. bench mark | .1126 نقطة القياس الثابتة |

في المساحة الزراعية، موضع (أو علامة) ذو منسوب معلوم وثابت، منه يمكن حساب مناسيب مواضع أخرى.

1127. dew point	1127. نقطة الندى

درجة الحرارة التي يصبح الهواء عندها في حالة تشبع تام ببخار الماء.

1128. hauling	1128. النقل

في الغابات، مصطلح يطلق على جر ونقل الأشجار وجذوعها بعد قطعها. يجري النقل باستخدام الحيوانات أو الجرارات، أو التعويم في مجرى مائي أو بالدحرجة من المنحدرات أو بمعدات أخرى (★).

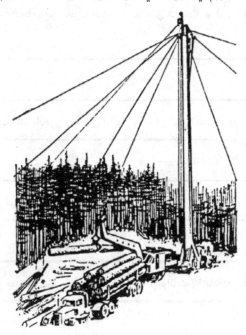

الشكل رقم (194) : النقل في الغابة بنظام الجبال السلكية المتفرعة من عمود (صار) قائم ومتنقل. والعمود تلسكوبي الشكل، ومزود بمحرك يمكنة من جر أو رفع الأشجار بعد إسقاطها. ويمكن نقل النظام كله من موقع لآخر.

1129. river	1129. نهر

مجرى مائي فيه تتدفق المياه العذبة الى مصبها مثل نهر دجلة.

| 1130. natural river | 1130. نهر تام (متوازن) |

مجرى مائي له طاقة كافية لنقل أحماله.

| 1131. alluvial river | 1131. نهر رسوبي |

مجرى مائي فيه رواسب محمولة وأخرى في قعره.

| 1132. braided river | 1132. نهر مجدول |

نهر قناته واسعة وضحلة. يمر مجراه خلال عدد من قنوات صغيرة ومتشابكة تفصلها جزر أو حواجز.

| 1133. tidal river | 1133. نهر مدّى |

نهر يتأثر بمنسوب المد والجزر في بعض الانهار والبحار التي تصب فيها.

| 1134. norag | 1134. نورج |

آلة دراس بدائية تجرها الماشية عادة.

| 1135. species | 1135. نوع (أنواع) |

في العلوم البيولوجية مصطلح يستخدم لتصنيف الحيوانات والنباتات يمكن ان تتلاقح أو تتناسل.

| 1136. nephoscope | 1136. نيفوسكوب |

جهاز لقياس اتجاه السحب وسرعة مرورها.

حرف الهاء

1137. hypsometer	1137. هيومتر (مقياس العلو)

1. جهاز لقياس علو المرتفعات والمناطق الجبلية.

2. في أعمال الغابات، جهاز لقياس أو تقدير علو الاشجار.

1138. migration	1138. هِجرة

الهجرة هي الانتقال من مكان الى آخر مثل هجرة الإنسان من أجل الرزق، وهجرة الطيور والحيوانات.

1139. weir	1139. هّدار

حاجز يقام عبر قناة وبه حفرة مستطيلة مائلة لمرور المياه (★).

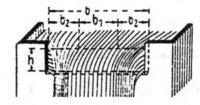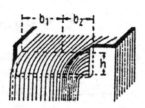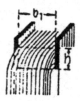

الشكل رقم (195) : بعض أنواع الهيدرات

1139. hydrogenation	1140. هَدْرَجةَ

عملية كيميائية لمعالجة ما بالهيدروجين لإنتاج مركب نافع غذائياً أو صناعياً، كما هي الحال في هدرجة الزيوت المستحصلة من بذرة القطن وفول الصويا والمكسرات، إلى دهون ذات تكوين يلائم الأغذية.

1141. bruising	1141. هرس

في تجهيز الأعلاف عملية تكسير القش والدريس.

1142. hectare	1142. هكتار

وحدة مترية لقياس مساحة الأراضي = 10000 م^2.

1143. air	1143. الهواء

خليط من غازات غير مرئية ولا طعم لها ولا رائحة، تحيط بالكرة الأرضية وفيها بخار الماء.

1144. agricultural engineering	1144. الهندسة الزراعية

علم يختص بعدة فروع تهتم في الأعمال الزراعية سواء في الفلاحة أو الحياة الريفية أو تصنيع المنتجات الزراعية ومقاومة الآفات وتربية الحيوانات. من أهدافها.

1. تسهيل الاعمال الزراعية وتذليل مصاعبها ودرء مخاطرها.

2. تخفيض التكاليف وتحسين جودة المنتجات.

3. المحافظة على مصادر الثروة كالتربة والمياه والآلات والمعدات والمنشات الزراعية.

4. الاستغلال الاقتصادي للموارد المتاحة.

1145. hygrometer	1145. هيجرومتر

جهاز لقياس الرطوبة الجوية (الهواء).

1146. hydrograph	1146. هيدروجراف

في الري رسم بياني يوضح معدل تدفق المياه من الخزان، أو في النهر عند مقطع معين فيه، في لحظة أو فترة معينة تقاس بالساعات أو الأيام أو بالأشهر.

1147. hydrogen	1147. الهيدروجين

عنصر ـ غـازي. مصـدره الأسـاس في النبـات هـو المـاء الـذي يتحلـل في عمليـة التمثيـل الضـوئي الى هيدروجين وأوكسجين، فينطلق الأوكسجين كناتج ثانوي، بينما يستخدم الهيـدروجين في تكـوين المركبـات المصنعة.

1148. hydrology	1148. الهيدرولوجيا

علم يتناول دراسة المياه الموجودة في الأرض (علـى السـطح أو تحتـه) وبـالجو، وذلك مـن حيـث تكونها ودورتها وتوزيعها أو خواصها وتأثيرها في البيئة، بما في ذلك علاقتها بالكائنات الحية.

1149. hydrometer	1149. هيدرومتر

جهاز لقياس كثافات السوائل (★).

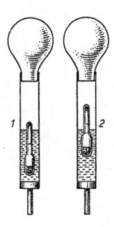

الشكل رقم (196) : هيدرومتر قياس كثافة محاليل البطاريات

1. وضع العوامة والبطارية ضعيفة الشحن

2. وضع البطارية والبطارية مشحونة

1150. hydroulics	1150. اليهدروليكا

أو علم المواقع المائية، يتناول سلوك الموائع المختلفة، وحركتها وتدفقها داخل القنـوات والمجـاري المفتوحة (كالأنهار) أو المغلقة (كالأنابيب).

حرف الواو

1151. واط	1151. watt

وحدة قياس القدرة الكهربائية. يساوي 1/746 من القدرة الحصانية.

1152. واط ساعة	1152. watt – hour

وحدة قياس الطاقة الكهربائية التي يبذلها واط واحد في ساعة زمنية(كيلو واط ساعة مثلاً).

1153. وباء (وبائي)	1153. epidemic

مرض معدٍ يصيب أعداداً غفيرة من الناس أو الحيوانات في مكان معين وفي وقت واحد.

1154. وجبة حيوانية	1154. blood and bone meal

في تغذية الحيوان، وجبة من مسحوق الدم والعظام غنية بالكالسيوم والفسفور والبروتين، تصنع من مخلفات الذبائح، ومن اللحوم الفاسدة بعد تحويلها الى علائق سهلة الالتقام والمضغ.

1155. الوحدات الأساسية	1155. fundamental units

في القياسات، الجرام والسنتمتر والثانية، للأوزان والأطوال والأزمنة على الترتيب، في النظام المتري للقياسات.

1156. وحدة	1156. unit

1. في النظم القياسية، كمية قياسية تمثل الشيء المقاس، فالكيلو غرام وحدة لقياس الوزن، الامبير وحدة لقياس شدة التيار الكهربائي والمتر (أو القدم) وحدة لقياس الأطول.

2. في الآلات والمعدات، اية مجموعة مكنية تتكامل مكوناتها فيما بينها لتأدية وظيفة محددة.

1157. bran duster	1157. وحدة استخلاص

في مطاحن الدقيق، وحدة مكنية في خط الإنتاج لاستخلاص الدقيق وعزله عن النخالة.

1158. malthouse	1158. وحدة إنتاج المَلَثْ

وحدة يجري فيها إنبات الشعير بنقعه في الماء، تمهيدا لإنتاج منقوع صحي قبل تحوله الى كحول.

1159. freezer	1159. وحدة تجميد

في الصناعات الغذائية، وحدة لخفض درجة حرارة المنتجـات إلى مـا دون الصـفر المئـوي، لتجميـد اللحوم والأسماك والدواجن والخضراوات والمثلجات مثلاً.

. unit drill1160	1160. وحدة تسطير

وحدة (آلة بذار في سطور) (★).

وحدة تسطير unit drill

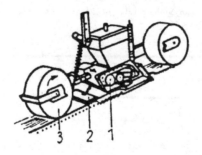

الشكل رقم (197) : رسم تخطيطي لإحدى وحدات التسطير

1. آلية تلقيم   3. عجلة كبس
2. جهاز تغطية

1161. agro – industrial plant	1161. وحدة تصنيع منتجات زراعية

مشروع (مصنع) متكامل لتصنيع المنتجات الزراعية النباتية والحيوانية كمصانع التعليب ومعاصر الزيوت ومطاحن الدقيق ومصانع المنتجات اللبنية، ووحدات تصنيع العلف.

1162. differential unit	1162. وحدة فرقية

جهاز يمكن به لعجلتين تستمدان حركتهما من عمود وإدارة واحد أن تدورا بسرعتين مختلفتين كما هي الحال في الجرار مثلاً (★).

differential unit وحدة فرقيّة (جهاز فرقي)

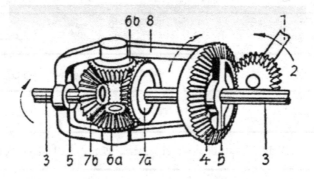

الشكل رقم (198) : رسم تخطيطي لمجموعة التروس الفرقية

1. عمود الإدارة وبه الترس المخروطي المدير
2. الترس المخروطي المدير
3. عمود المحور الخلفي النصفي
4. الترس التاجي
5. جلبة
6. (a، b) ترسا بنيون مخروطيان فرقيان
7. (a، b) ترسان مخروطيان فرقيان جانبيان
8. المبيت (القفص)

1163. pressing plant	1163. وحدة كبس العلف

في إنتاج العلف وحدة (منشأة) لانتاج وجبات علف حيواني على هيئة كريات صغيرة مكبوسة من المواد المخصصة لصناعة الاعلاف (المحاصيل الخضراء والجافة).

1164. farm transport means	1164. وسائل نقل بالمزرعة

المركبات والمعدات الآلية أو اليدوية المستخدمة في النقل داخل المزرعة أو منها الى المخازن والأسواق، او من الخارج اليها.

1165. farm workshop	1165. ورشة المزرعة

ورشة حقلية مجهزة بالآلات والمعدات المناسبة لصيانة وإصلاح المعدات الزراعية المختلفة.

1166. specific weight	1166. الوزن النوعي

لمادة ما، وزن وحدة الحجوم من هذه المادة.

1167. joint	1167. وصلة

الوصلة هي تجميعه لجزأين بشكل مستديم بالبرشام أو اللحام، أو قابلة للفصل كالملولبة.

1168. three – point linkage	1168. وصلة ثلاثية

ترتيبة لتوصيل المعدات الزراعية بالجرارات، لها ثلاثة أذرع اتصال، أحداها علوية واثنتان سفليتان، يوصل كل ذراع منها بالجرار من جهة وبالمعدة أو الآلة الزراعية من جهة أخرى (★).

توصيل ثلاثي   three - point linkage

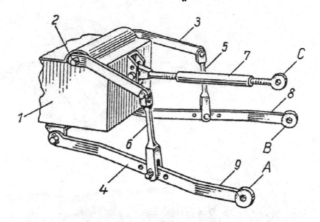

الشكل رقم (199) : وصلة ثلاثية للتعليق من ثلاثة مواضع

1. رأس الوصلة	6. قضيب الرفع الأيسر
2. عمود الرفع	7. ذراع التحكم العليا
3. ذراع الرفع اليمنى	8. ذراع التحكم السفلي اليمنى
4. ذراع الرفع اليسرى	9. ذراع التحكم السفلى اليسرى
5. قضيب الرفع الأيمن	A، B، C. قارنات للمعدات

1169. universal joint	1169. الوصلة العامة

الوصلة الجامعة للحركة، وهـي قارنـة مرنـة بـين عمـودين أحـدهما مـدير والاخـر مـدار، تسـمح بحدوث الاهتزازات والصدمات التي تصاحب الدوران. من أمثلتها في المركبات الوصلـة بـين عمـود الكردان وصندوق التروس (★).

الوصلة الجامعة للحركة universal joint

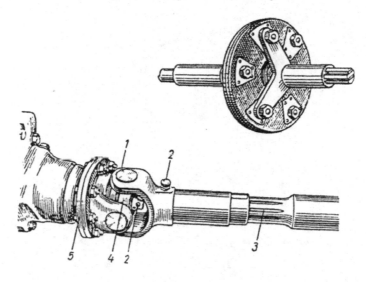

الشكل رقم (200) : عمود كردان بوصلة عامة

1. وصلة عامة (جامعة الحركة)

2. موضع التشحيم

3. نهاية العمود المحددة

4. قلب الوصلة العامة (الصليبة)

5. شفة (فلانشة) التوصيل

1170. pressure vessel	1170. وعاء ضغط

أية آنية أو خزان كالمرجل البخاري، تحتفظ بداخلها بماء أو هواء أو بخار أو مـادة كيميائيـة تحـت ضغط معين أكبر من الضغط الجوي.

1171. plant protection	1171. وقاية المزروعات

في وقاية النباتات، تجرى وقاية المزروعات من الآفات الزراعية بالمبيدات المختلفة، أما وقايتها من العوامل الجوية (كالرياح والعواصف والحرارة الشديدة والصقيع مثلاً) فتجرى بأتباع أساليب أخرى لتهيئة مناخ اصطناعي محلي كاستخدام البيوت الزراعية البلاستيكية أو الزجاجية، أو تغطية التربة لتقليل التبخر، أو استخدام وسائل تهوية أو تبريد أو تدفئة وما الى ذلك.

1172. chemical plant protectection	1172. وقاية المزروعات بالاسلوب الكيميائي

أسلوب للوقاية، فيه يُستفاد من مشتقات البترول لمستحلبات مع الماء لرشها على المزروعات والتربة لوقايتها من الآفات.

1173. fuel	1173 وقود

أي مادة تعطي عند اشتعالها طاقة حرارية وضوئية. قد يكون الوقود سائلاً (البنزين مثلاً) أو جامداً (كالفحم) أو غازياً (كالغاز الطبيعي).

1174. winch	1174 ونش (مرفاع)

في آلات الرفع أو الجر، ترتيبة للرفع تستعمل اعتيادياً في ورش التصليح فيها بكرات وسلاسل تعليق.

حرف الياء

1175. ياي **1175. spring**

في الآلات والمعدات الزراعيـة، عنصرـ مكنـي يسـتخدم لعمـل وصـلة مرنـة بـين جـزأين لامتصـاص الصدمات والاهتزازات وتستخدم في الآلات الزراعية والسيارات.

1176. يوريا **1176. urea**

في الزراعة، أمونيـا مصـنعة عـلى هيئـة حبيبـات للاسـتخدام كمخصـب (سـماد) اصـطناعي سـهل الذوبان في الماء والانتشار في التربة. واليوريا من الأسمدة الغنية بالنتروجين، اذ نسبته فيها حوالي 16%.

المعاجم العربية
التي تم التصنيف على أساسها

1. المعجمية العربية (2004) ترجمة د. عناد غزوان. المجمع العلمي العراقي.

2. معجم النباتات والزراعة (1966) محمد حسن آل ياسين. المجمع العلمي العراقي.

3. أساس البلاغة (2001) الزمخشري، دار أحياء التراث. بيروت.

4. الأساس المعجمي للمفردات الزراعية (2007)، د. عبد المعطي الخفاف، (تحت الطبع)

5. مصطلحات المكننة الزراعية (2007) د. عبد المعطي الخفاف (تحت الطبع).

6. معجم المصطلحات الزراعية (1977) د. جورج باسيلي. د. محمد الشاذلي، كلية الزراعة، جامعة الفاتح. ليبيا.

7. معجم الهندسة الزراعية (1977)، المهندس محمد عبد المجيد نصار. القاهرة.

8. الآلات الزراعية، د. جورج باسيلي، مكتبة الانجلو. القاهرة.

9. الجرارات الزراعية، د. جورج باسيلي، مكتبة الانجلو. القاهرة.

10. معجم المصطلحات العلمية والفنية والهندسية، (2006) احمد شفيق. مكتبة لبنان، بيروت.

11. قاموس النهضة، اسماعيل مظهر، مكتبة لبنان. بيروت.

12. المنجد في اللغة والأعلام، دار المشرق، بيروت.

13. المنار، حسن سعيد الكرمي، مكتبة لبنان، بيروت.

14. القاموس العصري، الياس انطون، المطبعة المصرية. القاهرة.

15. المورد (2005).

المراجع الأجنبية المساعدة

1. English Russian Dictionary of Agricultural Machinery ،A.N. Rosenbaum ،1965. Moscow.

2. Agricultural Engineering Dictionary ،Farrall and others ،Illinois ،U.S.A.

3. Agricultural Engineering Hand book ،C.B. Richey ،Graw – Hill Book co. London ،U.K.

4. Crop production Equipment H.T.Lovegrove ،Technical Education ،London ،U.K.

5. Electricity in Mogern Farming ،Frank Rowland ،lang Books ،London ،U.K.

6. Engineering for Dairy and food products ،Arthur W. Farrall ،London ،U.K.

7. Farm Electrification ،Robert H.Brown ،Mc. Graw – Hill Book co. ، London ، U.K.

8. Farm Gass Engines and Tractors Fred R. Jones,Mc. Graw – Hill Book co. London ،U.K.

9. Farm Machinery ،Claude Culpin Crosby Lockwood and Jon ،London ،U.K.

T0224696

Printed in the United States
By Bookmasters